中国海洋能产业进展
2020

麻常雷　编著

2020年·北京

图书在版编目（CIP）数据

中国海洋能产业进展. 2020 / 麻常雷编著. -- 北京：
海洋出版社，2020. 12

ISBN 978-7-5210-0693-3

Ⅰ. ①中…　Ⅱ. ①麻…　Ⅲ. ①海洋动力资源–产业发
展–研究报告–中国–2020　Ⅳ. ①P743

中国版本图书馆 CIP 数据核字（2020）第 244333 号

责任编辑：苏　勤

责任印制：赵麟苏

海洋出版社 出版发行

http://www.oceanpress.com.cn

北京市海淀区大慧寺路 8 号　邮编：100081

北京朝阳印刷厂有限责任公司印刷　新华书店经销

2020 年 12 月第 1 版　2020 年 12 月北京第 1 次印刷

开本：787 mm×1092 mm　1/16　印张：6.5

字数：100 千字　定价：98.00 元

发行部：62132549　邮购部：68038093　总编室：62114335

海洋版图书印、装错误可随时退换

Bianzhe Shuoming 编者说明

在《国民经济和社会发展第十三个五年规划纲要》和《"十三五"国家战略性新兴产业发展规划》的指导下，我国海洋能开发利用工作正由技术示范应用向产业培育发展转变。

为总结我国海洋能技术及产业进展状况，分析国际海洋能发展趋势，为海洋能产业发展决策提供支撑，国家海洋技术中心在自然资源部海洋战略规划与经济司的支持下，组织人员跟踪研究国内外海洋能发展现状和趋势，对最近一年来我国海洋能技术及产业进展进行了较为系统的梳理和总结，编辑成《中国海洋能产业进展2020》。本书所引用的资料和数据时间截至2020年6月底。

本书由国家海洋技术中心麻常雷编著，张多、王萌、王海峰、王项南、赵宇梅、王鑫、邱泓茗、汪小勇、武贺、李彦、倪娜、陈利博、夏海南、张原飞、石建军、李健、路宽、王花梅、司玉洁、赵媛、王冀、刘玉新、王世昂、薛彩霞、张中华、姜波、朱晓阳、彭洪兵、韩林生提供了相关资料并参加了部分章节的撰写。

在本书的编写过程中，自然资源部海洋战略规划与经济司给予了重要指导，江厦潮汐试验电站、海山潮汐电站、浙江舟山联合动能新能源开发有限公司、浙江大学、中国科学院广州能源研究所等单位提供了重要资料和数据。我们对上述部门和单位提供的帮助表示感谢。

书中难免有不完善之处，诚挚希望读者提出批评和指正。

麻常雷

2020年9月

M目录
MuLu

第一章　我国海洋能产业发展政策

2019 年 7 月以来，随着我国海洋能技术产业化进程的加快，国务院及国家发展改革委、自然资源部等相关部门及地方政府制定并发布了多个涉及海洋能产业发展的战略规划、管理规定以及相关激励政策，为加快推动我国海洋能新兴产业发展营造了积极的环境。

第一节　战略规划

一、《关于加快建立绿色生产和消费法规政策体系的意见》

2020 年 3 月，国家发展改革委、司法部联合印发《关于加快建立绿色生产和消费法规政策体系的意见》(以下简称《意见》)。《意见》指出，推行绿色生产和消费是建设生态文明、实现高质量发展的重要内容。

《意见》列出 9 项重点任务，在第五项"促进能源清洁发展"中，《意见》提出："研究制定氢能、海洋能等新能源发展的标准规范和支持政策(2021 年完成)"，由国家能源局、国家发展改革委、科技部、工业和信息化部、自然资源部和市场监管总局负责。

二、《2020 年能源工作指导意见》

2020 年 6 月，为保障能源安全，推动能源产业高质量发展，国家能源产业局发布《2020 年能源工作指导意见》，提出坚持以清洁低碳为发展目标，坚持清洁低碳战略方向不动摇，持续扩大清洁能源消费占比，推动能源绿色低碳转型，壮大清洁能源产业规模。

第二节 管理规定

一、《能源领域首台(套)重大技术装备评定和评价办法(试行)》

2019 年 12 月，为规范能源领域首台(套)重大技术装备的评定和评价工作，国家能源局发布了《能源领域首台(套)重大技术装备评定和评价办法(试行)》(以下简称《评定办法》)。

《评定办法》指出，能源领域首台(套)重大技术装备是指国内率先实现重大技术突破、拥有自主知识产权、尚未批量取得市场业绩的能源领域关键技术装备，包括前三台(套)或前三批(次)成套设备、整机设备及核心部件、控制系统、基础材料、软件系统等。

《评定办法》第八条提出，国家能源局依法依规选定并委托第三方机构组织开展能源领域首台(套)重大技术装备评定工作。国家能源局负责对评定结果进行公示，经公示无异议后，列入能源领域首台(套)重大技术装备清单，并在国家能源局网站发布。国家能源局负责定期更新能源领域首台(套)重大技术装备清单。国家科技重大项目等国家课题项目支持研制的能源技术装备和能源领域短板技术装备经评定优先纳入能源领域首台（套）重大技术装备清单。

《评定办法》第十一条提出，能源领域首台（套）重大技术装备及其示范项目享受《关于促进首台（套）重大技术装备示范应用的意见》（发改产业〔2018〕558号）和《国家能源局关于促进能源领域首台（套）重大技术装备示范应用的通知》（国能发科技〔2018〕49号）中明确的其他优惠政策。包括"对从事重大技术装备研发制造的企业，按现行税收政策规定享受企业所得税税前加计扣除优惠，经认定为高新技术企业的，减按15%税率征收企业所得税""鼓励有条件的商业银行建立首台（套）企业和项目贷款绿色通道""鼓励开发性、政策性金融机构在业务范围内，为符合条件的首台（套）示范应用项目提供贷款支持""依托多层次资本市场体系，支持符合条件的首台（套）企业资产证券化""继续实施首台（套）保险补偿政策""优化首台套保险运行机制"等优惠政策。

二、《可再生能源电价附加资金管理办法》

2020年1月，为促进可再生能源开发利用，规范可再生能源电价附加资金管理，提高资金使用效率，财政部、国家发展改革委、国家能源局联合发布了《可再生能源电价附加资金管理办法》（以下简称《管理办法》）。

《管理办法》第四条提出，需补贴的新增可再生能源发电项目，由财政部根据补助资金年度增收水平、技术进步和行业发展等情况，合理确定补助资金当年支持的新增可再生能源发电项目补贴总额。国家发展改革委和国家能源局根据可再生能源发展规划、技术进步等情况，在不超过财政部确定的年度新增补贴总额内，合理确定各类需补贴的可再生能源发电项目新增装机规模。

《管理办法》第六条提出，电网企业应定期公布、及时调整符合补助条件的可再生能源发电补助项目清单，并定期将公布情况报送财政部、国家发展改革委和国家能源局。

第三节　资金支持计划

在海洋可再生能源专项资金、国家重点研发计划和国家自然科学基金等政策的持续支持下，我国海洋能开发利用技术在基础科学研究、关键技术研发和工程示范等方面取得了较大进展。

一、海洋可再生能源专项资金

我国自 2010 年 5 月设立海洋可再生能源专项资金(以下简称"专项资金")以来，有力地推动了我国海洋能开发利用水平的快速提升，取得了较为显著的成效，充分发挥了中央财政资金在支持国家产业结构调整、培育战略性新兴产业等方面的引导作用。

截至 2020 年 6 月底，"专项资金"实际支持了 110 多个项目，国拨经费超过 13 亿元。为推进"专项资金"项目进展，海洋可再生能源开发利用管理中心通过现场检查、会议检查、项目约谈、组织项目自查等多种形式，对目前在研项目进行了监督检查。2019 年 7 月至 2020 年 6 月底，共有 7 个项目通过了验收(表 1.1)。

表 1.1　2019 年 7 月至 2020 年 6 月底"专项资金"项目统计

序号	项目名称	承担单位	立项时间	验收时间
1	海洋能技术装备引进与示范	杭州林东新能源科技股份有限公司、浙江舟山联合动能新能源开发有限公司	2016 年	2019 年 12 月
2	航标用波浪能发电技术产品化	巢湖市银环航标有限公司、中国科学院广州能源研究所	2016 年	2019 年 12 月
3	海洋能发电技术和装备评估测试系统建设	哈尔滨瑞哈科技发展有限公司	2016 年	2019 年 12 月
4	海洋能资源数据服务系统建设	北京木联能软件股份有限公司	2016 年	2019 年 12 月
5	600 kW 海底式潮流发电整机制造	哈尔滨电机厂有限责任公司	2010 年	2019 年 12 月
6	潮流能工程样机设计定型	哈尔滨电机厂有限责任公司	2013 年	2020 年 1 月
7	海洋能综合支撑服务平台建设	国家海洋技术中心	2018 年	2020 年 1 月

截至 2020 年 6 月底，共有 91 个"专项资金"项目通过验收。

二、国家重点研发计划

为支持海洋能关键技术创新，"十三五"国家重点研发计划可再生能源与氢能技术重点专项将海洋能作为 6 个支持方向之一给予了持续支持。同时，通过"政府间国际科技创新合作"重点专项支持了海洋能国际合作项目。

2019 年 7 月以来，科技部先后支持了"兆瓦级高效高可靠波浪能发电装置关键技术研究及南海岛礁示范验证""海洋温差能转换利用方法与技术研究""波浪能、潮流能技术综合评估方法合作研究"等项目。

三、国家自然科学基金

近年来，国家自然科学基金通过面上项目、青年科学基金项目等对新兴海洋能领域相关科学问题研究给予了持续支持，有力地推动了我国海洋能基础研究能力的提升，夯实了我国海洋能持续发展的理论基础。

第二章　我国海洋能技术进展

自从 2019 年 7 月以来，多个潮流能技术及波浪能技术完成海上示范运行，持续提升了我国海洋能技术成熟度水平。

第一节　潮汐能技术进展

我国目前还在运行的潮汐能电站仅有江厦潮汐试验电站和海山潮汐电站，前期完成的多个万千瓦级潮汐电站预可研项目尚未进入建设阶段。

一、江厦潮汐试验电站

江厦潮汐试验电站自 2015 年完成技术改造后，总装机容量增加到 4.1 MW，年发电量约 $700×10^4$ kW·h，为潮汐能大规模商业化应用储备了成熟的水轮机型谱，并具备了丰富的潮汐机组运行经验。

二、海山潮汐电站

1975 年建成的海山潮汐电站(图 2.1)，总装机容量 250 kW($2×125$ kW)，目前电站正在进行技术升级改造，仅有 1 台发电机组在运行，年发电量约 $15×10^4$ kW·h。

图 2.1 海山潮汐电站、上水库及发电机组(从左至右)

海山潮汐电站是我国第一座双库单向型潮汐电站,先后于 1984 年和 1996 年完成升级改造。2019 年下半年,电站开始了第三次增容改造,将其中 1 台立式机组改造为卧式新型机组,以维持电站的持续运行及发展。

第二节　潮流能技术进展

我国潮流能技术总体水平提升较快,目前已有 30 多台机组完成了海试,最大单机功率 650 kW,部分机组实现了长期示范运行,我国已成为世界上为数不多的掌握规模化潮流能开发利用技术的国家。

一、LHD 模块化海洋潮流能发电技术

浙江舟山联合动能新能源开发有限公司于 2016 年 3 月在舟山秀山岛海域下水安装了 3.4 MW LHD 模块化海洋潮流能机组总成平台,2016 年 8 月,首期 1 MW 机组实现并网发电。截至 2020 年 6 月底,LHD 模块化海洋潮流能发电平台总装机容量达 1.7 MW(图 2.2)。

图 2.2　LHD 模块化海洋潮流能发电平台

2016 年 7 月安装的潮流能机组，采用垂直轴式工作原理，装机容量分别为 2×200 kW 和 2×300 kW，自 2017 年 5 月至 2020 年 6 月底连续并网运行时间超过 37 个月。2018 年 11 月安装的潮流能机组，采用垂直轴式工作原理，装机容量为 2×200 kW。2018 年 12 月安装的潮流能机组，采用水平轴式工作原理，装机容量为 300 kW。自 2019 年 6 月至 2020 年 6 月底连续并网运行时间超过 12 个月。2019 年 12 月，通过自然资源部组织的验收。

二、半直驱水平轴式潮流能发电技术

浙江大学研制的系列化半直驱水平轴式潮流能机组，采用漂浮式安装方式，自 2014 年起，在舟山摘箬山岛海域开展示范运行，并向摘箬山岛并网供电。目前，摘箬山岛海域已建成 4 座漂浮式测试平台，相继开展了 60~650 kW 的潮流能机组示范运行。

截至 2020 年 6 月，浙江大学研制的 60 kW、120 kW、650 kW 半直驱水平轴式潮流能机组分别安装在摘箬山岛海域的 1~3 号测试平台上示范运行(图 2.3)。

图 2.3　650 kW 半直驱水平轴式潮流能机组海试

三、海底式潮流能发电技术

2010 年和 2013 年在"专项资金"项目的支持下,哈尔滨电机厂有限责任公司研制了 600 kW 海底式潮流能机组,于 2019 年 8 月在摘箬山岛海域 4 号测试平台(图 2.4)开展了海试。截至 2020 年 1 月,该机组累计运行超过 3 000 h,机组转换效率约 37%。2019 年 12 月,"600 kW 海底式潮流发电整机制造"项目通过验收。2020 年 1 月,"潮流能工程样机设计定型"项目通过验收。

图 2.4　600 kW 海底式潮流能机组测试平台

第三节　波浪能技术进展

针对我国波浪能资源功率密度较低的特点，我国主要研发了小功率波浪能发电装置，目前约有 40 台装置完成了海试，最大单机功率 200 kW，现有技术已初步实现了为偏远海岛供电。近年来还探索了波浪能网箱养殖供电、导航浮标供电等应用研究。

一、鹰式波浪能发电技术

中国科学院广州能源研究所研制的鹰式波浪能发电技术，采用漂浮式安装方式，自 2012 年起，在珠海万山岛海域先后布放了 10 kW 和 100 kW 鹰式波浪能发电装置，到 2016 年年底，累计并网发电约 $3×10^4$ kW·h，实现了我国首次利用波浪能为海岛居民供电。2017 年，改造后的 200 kW 鹰式波浪能发电装置开始开展深远海海试，到 2018 年 4 月，累计发电超过 $10×10^4$ kW·h。2018 年 10 月，200 kW 鹰式波浪能发电装置向三沙市永兴岛并网，累计向永兴岛供电约 $1.5×10^4$ kW·h。2020 年 6 月 30 日，由招商局工业集团建造的"舟山号"500 kW 鹰式波浪能发电装置交付中国科学院广州能源研究所，目前正在广东万山岛海域进行海试(图 2.5)。

二、波浪能网箱养殖供电技术

招商局工业集团联合中国科学院广州能源研究所等单位研制了半潜式波浪能网箱养殖供电装置，基于鹰式波浪能发电技术，为网箱养殖设备提供电力支持。

图 2.5 "舟山号"波浪能发电装置在万山岛海域海试

自 2019 年 6 月起，装机容量 120 kW 的"澎湖号"半潜式波浪能网箱养殖供电装置交付使用，并在广东珠海桂山岛海域示范运行（图 2.6），截至 2020 年 6 月底，该装置累计发电超过 5.3×10⁴ kW·h。

图 2.6 "澎湖号"半潜式波浪能网箱养殖平台示范运行

三、航标用波浪能供电产品化技术

针对航运及海洋开发活动对航标的需求，巢湖市银环航标公司与中国科学院广州能源研究所联合研制了小型、可靠、稳定、高效的波浪能发电装置，开展航标用波浪能发电装置的批量生产及应用。

外置式波浪能航标"海星"号(500 W)和内置式波浪能航标"海聆"号(60 W)可在不大于0.3 m波高下启动发电，均实现了无故障实海况运行超过6个月。建成航标用波浪能发电装置生产线一条，实现销售波浪能航标产品超过100台(套)，2019年12月，该项目通过自然资源部组织的验收。

第三章 我国海洋能产业进展

我国已有多个潮流能及波浪能技术具备了产业化发展基础，建成的室内外测试公共服务体系将为越来越多的海洋能技术改进及产品定型提供支撑，将推动我国海洋能开发利用技术加快向标准化和产业化方向发展。

第一节 公共服务体系建设

一、室内外测试能力

（一）建成多个海洋能室内测试设施

目前，国内已建成多个海洋能实验室测试设施，包括哈尔滨工程大学、国家海洋技术中心、中国科学院广州能源研究所、大连理工大学、浙江大学、中国海洋大学、上海交通大学、中国船舶重工集团公司第七一〇研究所等。

国家海洋技术中心海洋环境动力实验室可以在室内模拟海洋风、浪、流等动力环境，为海洋可再生能源开发利用样机提供公共、开放、共享的试验测试平台(图 3.1)。该实验室具备多套高精度波高传感器、热线风速传感器、流速仪、拉压力传感器和扭矩转速传感器等测试设备，非接触式六分量运动测量系统，粒子图像测速仪系统，阻力仪与高精度功率分析仪等设备，还安装了国际领先的水动力仿真软件FLUENT、CFX 和 AQWA 等，可对发电设备周边水动力环境进行数值仿真分析。截至 2020 年 6 月底，海洋环境动力实验室已为国内数十个海洋能研究团队提供了室内测试服务。

图 3.1　国家海洋技术中心海洋环境动力实验室

(二)海洋能综合试验场具备了测试条件

位于山东威海褚岛海域的国家浅海海上综合试验场，可针对波浪能、潮流能发电装置小比例样机开展实海况试验、测试和评价。国家海洋技术中心建造的"国海试 1"号漂浮式测试平台(图 3.2)于 2019 年布放至国家浅海海上综合试验场，具备了潮流能比例样机以及海洋装备的现场测试服务能力。

目前，国家海洋技术中心正在为西北工业大学、韩洋能源科技设备有限公司等多家单位的发电装置制定测试方案。

图 3.2　"国海试 1" 号在试验场运行

(三)舟山潮流能试验场完成示范泊位建设

位于浙江舟山普陀岛东北侧海域的舟山国家潮流能试验场,共设计建设了 3 个潮流能测试泊位、1 个潮流能示范泊位以及 1 座海上升压站平台,可为全比例潮流能发电机组提供海上现场测试服务。2020 年 4 月,三峡集团完成了 450 kW 示范机组的海上吊装(图 3.3)。

图 3.3　舟山潮流能试验场示范泊位完成示范机组吊装

二、海洋能标准体系

（一）实施海洋能标准行业管理

全国海洋标准化技术委员会海洋观测及海洋能源开发利用分技术委员会(TC283/SC2)负责全国海洋观测及海洋能源开发利用领域标准化技术工作，自2011年12月成立以来，积极开展我国海洋能标准体系研究以及海洋能国家标准与行业标准制修订等工作。根据已完成的"海洋可再生能源利用标准体系"，我国海洋能开发利用拟制定标准共226项，其中通用基础标准15项、海洋能调查与评估标准24项、海洋能勘察与评价标准20项、海洋能发电技术标准153项、海洋能开发利用管理标准14项。

（二）已发布多个海洋能标准

截至2020年6月底，我国已发布了21项海洋能国家标准及行业标准(表3.1)，其中，国家标准12项，行业标准9项，还有多个标准正在制定中。

表3.1 我国已发布的海洋能国家标准及行业标准

序号	标准号	标准名称	实施日期
一、国家标准			
1	GB/T 33441—2016	海洋能调查质量控制要求	2017年7月1日
2	GB/T 33442—2016	海洋能源调查仪器设备通用技术条件	2017年7月1日
3	GB/T 33543.1—2017	海洋能术语 第1部分：通用	2017年10月1日
4	GB/T 33543.2—2017	海洋能术语 第2部分：调查和评价	2017年10月1日
5	GB/T 33543.3—2017	海洋能术语 第3部分：电站	2017年10月1日
6	GB/T 34910.1—2017	海洋可再生能源资源调查与评估指南 第1部分：总则	2018年2月1日

序号	标准号	标准名称	实施日期
7	GB/T 34910.2—2017	海洋可再生能源资源调查与评估指南 第2部分：潮汐能	2018年2月1日
8	GB/T 34910.4—2017	海洋可再生能源资源调查与评估指南 第4部分：海流能	2018年2月1日
9	GB/T 34910.3—2017	海洋可再生能源资源调查与评估指南 第3部分：波浪能	2018年4月1日
10	GB/T 35724—2017	海洋能电站技术经济评价导则	2018年7月1日
11	GB/T 35050—2018	海洋能开发与利用综合评价规程	2018年12月1日
12	GB/T 36999—2018	海洋波浪能电站环境条件要求	2019年7月1日
二、行业标准			
13	HY/T 045—1999	海洋能源术语	1999年7月1日
14	HY/T 155—2013	海流和潮流能量分布图绘制方法	2013年5月1日
15	HY/T 156—2013	海浪能量分布图绘制方法	2013年5月1日
16	HY/T 181—2015	海洋能开发利用标准体系	2015年10月1日
17	HY/T 182—2015	海洋能计算和统计编报方法	2015年10月1日
18	HY/T 183—2015	海洋温差能调查技术规程	2015年10月1日
19	HY/T 184—2015	海洋盐差能调查技术规程	2015年10月1日
20	HY/T 185—2015	海洋温差能量分布图绘制方法	2015年10月1日
21	HY/T 186—2015	海洋盐差能量分布图绘制方法	2015年10月1日

三、重大海洋能活动

为使社会大众更好地了解海洋能、为海洋能产业化发展营造更好的政策环境，相关部门不断加强海洋能开发利用工作的宣传普及和推广。

2019年10月14—17日，中国海洋经济博览会在深圳会展中心举办，作为8个专业论坛之一的海洋可再生能源论坛于15日举办。本次海洋可再生能源论坛以"砥砺奋进，开创海洋可再生能源新局面"为主题，围绕我国海洋能的政策规划、产业示范、技术创新、行业管理以及国际合作等热点问题开展了广泛的交流和讨论。

第二节 我国海洋能产业现状

在自然资源部、财政部、科技部、工业和信息化部、国家自然科学基金委等相关部门的大力支持下，我国已形成了一定规模的海洋能理论研究、技术研发、装备制造、海上运输、海上安装、运行维护、电力并网等专业队伍，具备了一定的海洋能产业发展基础。

截至 2020 年 6 月底，我国海洋能电站总装机容量超过 8 MW，累计发电量超过 $2.44×10^8$ kW·h。其中，2019 年全年实现电费收入近 1 900 万元(表 3.2)。

表 3.2　我国海洋能电站一览表

海洋能电站	总装机容量/MW	累计发电量/×10⁴ kW·h	2019 年电费收入/万元
潮汐能电站	4.225	23 900	1 710
潮流能电站	3.73	510	180
波浪能电站	0.12	20	—
合计	8.075	24 430	1 890

一、潮汐能电站

截至 2020 年 6 月底，我国潮汐能电站总装机容量为 4.225 MW，累计发电量超过 $2.39×10^8$ kW·h，其中，2019 年发电量约 $718×10^4$ kW·h，电费收入约 1 710 万元。

江厦潮汐试验电站于 1980 年并网发电，经过数次改造升级后，目前电站总装机容量为 4.1 MW。截至 2020 年 6 月底，江厦潮汐试验电站累计发电量超过 2.27×10^8 kW·h，其中，2019 年发电量约 700×10^4 kW·h，在浙江省发展改革委出台的激励政策支持下，江厦潮汐试验电站的上网电价为 2.58 元/(kW·h)。2019 年江厦潮汐试验电站的电费收入约 1 700 万元。

海山潮汐电站于 1975 年并网发电，目前电站总装机容量为 0.125 MW。截至 2020 年 6 月底，海山潮汐电站累计发电量超过 1 215×10⁴ kW·h，其中，2019 年发电量约 14.8×10⁴ kW·h(仅 1 台机组在运行)。海山潮汐电站的上网电价为 0.46 元/(kW·h)。2018 年海山潮汐电站的电费收入约 6.5 万元。

二、潮流能电站

截至 2020 年 6 月底，我国潮流能电站总装机容量为 3.73 MW，累计发电量超过 510×10⁴ kW·h。其中，2019 年发电量约 160×10⁴ kW·h，电费收入约 180 万元。

浙江舟山联合动能新能源开发有限公司 LHD 模块化大型海洋潮流能机组于 2016 年 8 月并网发电，目前电站总装机容量为 1.7 MW。截至 2020 年 6 月底，累计发电量超过 180×10⁴ kW·h，其中 2019 年发电量超过 69×10⁴ kW·h。根据 2019 年 6 月浙江省发展改革委《省发展改革委关于浙江舟山联合动能新能源开发有限公司 LHD 模块化大型海洋潮流能发电机组临时上网电价的批复》，LHD 模块化大型海洋潮流能发电机组(装机容量 1 700 kW)临时上网电价为 2.58 元/(kW·h)(含税)，2019 年该电站的电费收入约 180 万元。

浙江大学摘箬山岛潮流能示范电站自 2014 年起，相继有多台潮流能机组在此示范运行并发电。2016 年 6 月，北仑电网开闭所建成，开始为摘箬山岛潮流能发电进行单独计量。目前，摘箬山岛潮流能示范电站总装机容量为 1.43 MW。截至 2020 年 6 月底，示范电站累计发电量超过 $290×10^4$ kW·h，并免费并入摘箬山岛电网，其中，2019 年发电量超过 $89×10^4$ kW·h。

三、波浪能电站

截至 2020 年 6 月底，我国波浪能电站总装机容量为 0.12 MW，累计发电量超过 $20×10^4$ kW·h。其中，2019 年发电量超过 $5×10^4$ kW·h。

招商局工业集团、中国科学院广州能源研究所等单位联合研制的半潜式波浪能网箱养殖发电装置，总装机容量 120 kW。2019 年 6 月至今，在珠海桂山岛海域开展示范运行，累计发电超过 $5.3×10^4$ kW·h。

第三节　国际合作与交流

在国际社会的共同推动下，国际海洋能产业化进程逐步加快。为促进海洋能开发利用经验交流，我国积极加入了相关国际海洋能组织并开展了务实合作。

一、多边合作与交流

（一）国际能源署海洋能系统技术合作计划

2001 年，为了促进海洋能研究开发与利用，推动海洋能技术向可持续、高效、可靠、低成本及环境友好的商业化应用方向发展，葡萄牙、丹麦和英国 3 个发起国在国际能源署（IEA）的支持下，建立了海洋能源系统实施协议（OES-IA）。2016 年，IEA 将 OES-IA 更名为海洋能系统技术合作计划（OES-TCP）（以下简称"OES"）。OES 以支持开展专题工作组跨国联合研究的形式，相继支持多个成员开展了"海洋能系统信息交流与宣传""海洋能系统测试与评估经验交流""波浪能及潮流能系统环境影响评价与监测"等 10 多个专题工作组的研究。截至 2019 年年底，OES 共有 26 个成员（包括欧盟）（表 3.3）。

表 3.3　OES 成员一览表

加入时间	成员	缔约机构
2001 年	葡萄牙	Laboratório Nacional de Energia e Geologia 国家能源和地质实验室
	丹麦	Danish Energy Authority 丹麦能源署（丹麦能源管理局）
	英国	Department of Energy and Climate Change 能源和气候变化部
2002 年	日本	Saga University 佐贺大学
	爱尔兰	Sustainable Energy Authority of Ireland 爱尔兰可持续能源署
2003 年	加拿大	Natural Resources Canada 加拿大自然资源部
2005 年	美国	U. S. Department of Energy 美国能源部
2006 年	比利时	Federal Public Service Economy 联邦公共服务经济部
2007 年	德国	The Government of the Federal Republic of Germany 德意志联邦共和国政府
	挪威	The Research Council of Norway 挪威研究理事会
	墨西哥	The Government of Mexico 墨西哥合众国政府

加入时间	成员	缔约机构
2008 年	西班牙	TECNALIA，Biscay Marine Energy Platform TECNALIA 研究院(2008—2017 年)，比斯开湾海洋能试验场(2018 年至今)
	意大利	Gestore dei Servizi Energetici 能源监管局
	新西兰	Aotearoa Wave and Tidal Energy Association 新西兰波浪能和潮流能协会
	瑞典	Swedish Energy Agency 瑞典能源署
2009 年	澳大利亚	Commonwealth Scientific and Industrial Research Organisation 联邦科学与工业研究组织(2008—2013 年)
2010 年	韩国	Ministry of Oceans and Fisheries 海洋水产部
	南非	South African National Energy Development Institute 南非国家能源发展研究所
2011 年	中国	National Ocean Technology Centre 国家海洋技术中心
2013 年	尼日利亚	Institute for Oceanography and Marine Research 海洋学与海洋研究所
	摩纳哥	Government of the Principality of Monaco 摩纳哥公国政府
2014 年	新加坡	Nanyang Technological University 南洋理工大学
	荷兰	Netherlands Enterprise Agency 荷兰企业管理局
2016 年	印度	National Ocean Technology Institute 国家海洋技术研究所
	法国	France Energies Marines 法国海洋能研究所
	欧盟	European Commission 欧盟委员会
2018 年	澳大利亚	Commonwealth Scientific and Industrial Research Organization 联邦科学与工业研究组织

2011 年，国家海洋技术中心作为缔约机构代表中国加入 OES，相继加入了多个专题工作组，并同日本、韩国等国家联合承担了"温差能开发利用"工作组的工作。为履行 OES 成员"海洋能系统信息交流与宣传"等职责，国家海洋技术中心按季度编辑发行《海洋可再生能源开发利用国内外动态》简报，宣传国内外海洋能技术发展动态。2020 年 3 月，OES 出版了"OES 2019 年年度报告"（图 3.4）。

图 3.4　OES 2019 年年度报告

为加强成员间的海洋能国际合作，促进信息交流，OES 每年召开两次执委会会议。2019 年 10 月 2—4 日，OES 第 37 次执委会会议在爱尔兰都柏林召开，来自爱尔兰、中国、英国、美国、欧盟、法国和葡萄牙等成员（地区）的 19 位代表参会（图 3.5）。国家海洋技术中心派代表参与了本次执委会的全部议程，并与参会代表进行积极交流，彭伟副主任做了专题报告，介绍了我国海洋能产业的最新进展。

图 3.5　OES 第 37 次执委会会议

OES"温差能开发利用"工作组由日本、中国和韩国联合组织。2019 年 9 月 27 日，在韩国釜山举行的第七届海洋温差能(OTEC)研讨会期间，中国、印度、日本、韩国、法国、荷兰、马来西亚和墨西哥的代表参会并讨论了编写大纲，目前已完成全球温差能资源评估研究报告(初稿)的编制。

(二)国际电工委员会波浪能、潮流能和其他水流能转换设备技术委员会

2007 年，为推动海洋能转换系统国际标准的制定和推广，国际电工委员会(IEC)成立了波浪能、潮流能和其他水流能转换设备技术委员会(IEC/TC 114)，标准化范围重点集中在将波浪能、潮流能和其他水流能转换成电能。目前，IEC/TC 114 有成员 14 个，观察员 13 个。截至 2020 年 6 月，IEC/TC 114 共发布了 12 项国际标准，更正及修订

了 2 项标准(表 3.4)。

表 3.4　IEC/TC 114 已发布的标准

序号	标准号	版本	标准名称	发布时间
1	IEC TS 62600-1: 2011	Ed. 1. 0	Marine energy-Wave, tidal and other water current converters-Part 1: Terminology 海洋能——波浪能、潮流能和其他水流能转换设备　第 1 部分：术语	2011 年 12 月
2	IEC TS 62600-1: 2011+ AMD1: 2019 CSV	Ed. 1. 0	Marine energy-Wave, tidal and other water current converters-Part 1: Terminology 海洋能——波浪能、潮流能和其他水流能转换设备　第 1 部分：术语(修订版)	2019 年 3 月
3	IEC TS 62600-2: 2016	Ed. 1. 0	Marine energy-Wave, tidal and other water current converters-Part 2: Design requirements for marine energy systems 海洋能——波浪能、潮流能和其他水流能转换设备　第 2 部分：海洋能系统设计要求	2016 年 8 月
4	IEC TS 62600-10: 2015	Ed. 1. 0	Marine energy-Wave, tidal and other water current converters - Part 10: Assessment of mooring system for marine energy converters (MECs) 海洋能——波浪能、潮流能和其他水流能转换设备　第 10 部分：海洋能转换装置锚泊系统评估	2015 年 3 月
5	IEC TS 62600-20: 2019	Ed. 1. 0	Marine energy-Wave, tidal and other water current converters-Part 20: Design and analysis of an Ocean Thermal Energy Conversion (OTEC) plant-General guidance 海洋能——波浪能、潮流能和其他水流能转换设备　第 20 部分：海洋温差能电站设计和分析通用指南	2019 年 6 月

序号	标准号	版本	标准名称	发布时间
6	IEC TS 62600-30: 2018	Ed. 1. 0	Marine energy-Wave, tidal and other water current converters - Part 30: Electrical power quality requirements 海洋能——波浪能、潮流能和其他水流能转换设备 第30部分：电能质量要求	2018年8月
7	IEC TS 62600-40: 2019	Ed. 1. 0	Marine energy-Wave, tidal and other water current converters - Part 40: Acoustic characterization of marine energy converters 海洋能——波浪能、潮流能和其他水流能转换设备 第40部分：海洋能转换设备声学特性	2019年6月
8	IEC/TS 62600-100: 2012	Ed. 1. 0	Marine energy-Wave, tidal and other water current converters - Part 100: Electricity producing wave energy converters-Power performance assessment 海洋能——波浪能、潮流能和其他水流能转换设备 第100部分：波浪能转换设备发电性能评估	2012年8月
9	IEC/TS 62600-100: 2012/ COR1: 2017	Ed. 1. 0	Marine energy-Wave, tidal and other water current converters - Part 100: Electricity producing wave energy converters-Power performance assessment 海洋能——波浪能、潮流能和其他水流能转换设备 第100部分：波浪能转换设备发电性能评估(更正版)	2017年4月
10	IEC/TS 62600-101: 2015	Ed. 1. 0	Marine energy-Wave, tidal and other water current converters-Part 101: Wave energy resource assessment and characterization 海洋能——波浪能、潮流能和其他水流能转换设备 第101部分：波浪能资源评估及特性	2015年6月

序号	标准号	版本	标准名称	发布时间
11	IEC/TS 62600-102: 2016	Ed. 1. 0	Marine energy—Wave, tidal and other water current converters—Part 102: Wave energy converter power performance assessment at a second location using measured assessment data 海洋能——波浪能、潮流能和其他水流能转换设备　第102部分：利用实测评估数据对波浪能转换设备布放在其他位置的发电性能进行评估	2016 年 8 月
12	IEC/TS 62600-103: 2018	Ed. 1. 0	Marine energy—Wave, tidal and other water current converters—Part 103: Guidelines for the early stage development of wave energy converters—Best practices and recommended procedures for the testing of pre-prototype devices 海洋能——波浪能、潮流能和其他水流能转换设备　第103部分：波浪能转换设备初期研发准则　实验室样机测试最佳实践及推荐程序	2018 年 7 月
13	IEC/TS 62600-200: 2013	Ed. 1. 0	Marine energy—Wave, tidal and other water current converters—Part 200: lectricity producing tidal energy converters—Power performance assessment 海洋能——波浪能、潮流能和其他水流能转换设备　第200部分：潮流能转换设备发电性能评估	2013 年 5 月
14	IEC TS 62600-201: 2015	Ed. 1. 0	Marine energy—Wave, tidal and other water current converters—Part 201: Tidal energy resource assessment and characterization 海洋能——波浪能、潮流能和其他水流能转换设备　第201部分：潮流能资源评估及特性	2015 年 4 月

　　IEC/TC 114 国内技术对口单位为哈尔滨大电机研究所，2014 年，哈尔滨大电机研究所发起成立了全国海洋能转换设备标准化技术委员

会（SAC/TC 546），旨在促进国际海洋能标准转化工作。

二、双边合作与交流

（一）中韩海洋能研讨会

为促进中韩两国海洋能学术交流与合作，在中韩海洋科学共同研究中心的支持下，2019年10月9—12日，在山东大学（青岛）举办了第三届中韩海洋能研讨会（图3.6），来自山东大学、中国海洋大学、浙江大学、国家海洋技术中心、清华大学、东北师范大学、青岛科技大学、韩国海洋科学技术院、中韩海洋科学共同研究中心等单位的共70余位代表出席了会议。会议围绕海洋温差能、潮流能、波浪能等海洋能技术及政策进行了交流，并参观了山东大学的波浪能发电装置、自然资源部第一海洋研究所的海洋温差能试验室以及青岛海洋科学与技术试点国家实验室。

图3.6　第三届中韩海洋能研讨会

（二）中英海洋能合作研讨会

在国家自然科学基金委员会和英国工程与自然科学研究理事会（EPSRC）的共同支持下，中英双方海洋能领域大学、研究机构和企业等多方共同开展了中英海洋能联合研究计划。2019 年 7 月 8—9 日，第二届中英海洋可再生能源合作研讨会在山东青岛举办（图 3.7）。150 余位来自中英两国海洋能领域的有关高校、科研院所和企业代表出席了会议，就中英两国海洋能研究与发展的热点及未来展望进行了广泛交流。

图 3.7　第二届中英海洋可再生能源合作研讨会

第四章 国际海洋能产业进展

全球海洋能资源丰富，根据联合国政府间气候变化专门委员会 2011 年发布的《可再生能源资源特别报告》，全球海洋能资源理论上年发电量最高达 $2\,000 \times 10^{12}$ kW·h，是当前全球电力年需求量的数十倍。英、美等国将海洋能视为战略性资源，不断加大投入，以此推动海洋能技术的产业化。

第一节 国际海洋能产业现状

一、国际海洋能市场规模

根据欧盟海洋与渔业总司（DG MAF）和联合研究中心（JRC）于 2019 年 5 月联合发布的《欧盟蓝色经济年度报告 2019》（图 4.1），国际海洋能总装机容量为 558 MW，其中约七成总装机容量设备位于欧洲海域。

在国际海洋能专利方面，欧盟申请的专利数量处于领先地位，并在美国、韩国、中国以及加拿大等世界其他地区关键海洋能市场寻求知识产权保护。专利数据分析（图 4.2）表明，欧洲是海洋能技术创新的主要出口地区，并且在全球海洋能市场占据了有利位置。

31

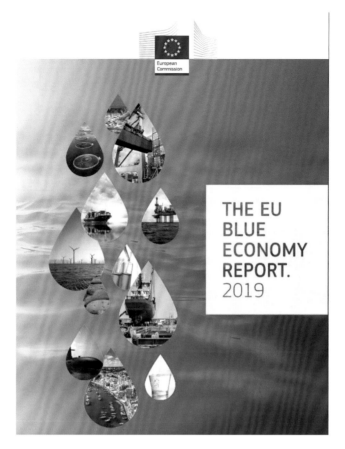

图 4.1 《欧盟蓝色经济年度报告 2019》

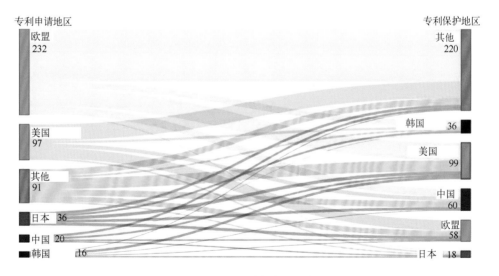

图 4.2 国际海洋能专利分布

二、国际海洋能产业基础设施

海洋能海上试验场是海洋能技术测试与装备性能验证的最重要的基础设施，在整个海洋能产业链中具有重要作用。全球主要海洋能国家都非常重视海洋能海上试验场的建设。据 OES 2019 年年报统计，截至 2019 年年底，全球已建成 34 个海洋能试验场，还有 15 个正在建设或规划中(表 4.1)。

表 4.1　2019 年 OES 成员海洋能试验场统计

国家	试验场名称	位置	状态
英国	欧洲海洋能源中心(EMEC)试验场	苏格兰奥克尼群岛(Orkney)	运行
	Wave Hub 试验场	英格兰康沃尔郡(Cornwall)	运行
	FaBTest 海洋能试验场	英格兰康沃尔郡(Cornwall)	运行
	META 海洋能试验场	威尔士彭布罗克郡(Pembrokeshire)	在建
	MTDZ 潮流能试验场	威尔士安格尔西岛(Anglesey)	在建
加拿大	芬迪湾海洋能源研究中心(FORCE)	新斯科舍省芬迪湾	运行
	加拿大水轮机测试中心(CHTTC)	马尼托巴省	运行
	(加拿大北大西洋大学)波浪能研究中心(WERC)	纽芬兰与拉布拉多省	运行
荷兰	Oosterschelde 海洋能试验场	东斯海尔德(Eastern Scheldt)	运行
	TTC 潮流能试验场	登乌弗(Den Oever)	运行
	BlueTEC 潮流能试验场	泰瑟尔岛(Texel Island)	运行
	REDStack 盐差能试验场	阿夫鲁戴克大堤(Afsluitdijk)	运行
爱尔兰	SmartBay 海洋能试验场	戈尔韦湾	运行
	大西洋海洋能试验场(AMETS)	梅奥郡贝尔马利特(Belmullet)	在建
美国	美国海军波浪能试验场(WETS)	夏威夷卡内奥赫(Kaneohe)湾	运行
	太平洋海洋能中心北部能源试验场(PMEC NETS)	俄勒冈州纽波特(Newport)	运行

国家	试验场名称	位置	状态
美国	太平洋海洋能中心华盛顿湖试验场（PMEC LW）	华盛顿州西雅图	运行
	太平洋海洋能中心塔纳纳河水动力试验场（PMEC TRHTS）	阿拉斯加州尼纳纳（Nenana）	运行
	珍妮特码头波浪能试验场（JP-WETF）	北卡罗来纳州珍妮特码头（Jennette's Pier）	运行
	美国陆军工程师团河流能试验场（USACE FRF）	北卡罗来纳州 Duck	运行
	（新罕布什尔大学）海洋可再生能源中心（CORE）	新罕布什尔州达勒姆（Durham）	运行
	UMaine Alfond W2 海洋工程实验室（UMaine AW2OEL）	缅因州奥罗诺（Orono）	运行
	UMaine 深海可再生能源试验场（UMaine DOREOTS）	缅因州蒙希根岛（Monhegan Island）	运行
	海洋温差能试验场（OTECTS）	夏威夷凯阿霍莱角（Keahole Point）	运行
	东南国家海洋可再生能源中心（SNMREC）	佛罗里达州博卡拉顿（Boca Raton）	运行
	海洋可再生能源联盟伯恩潮流能测试场（MRECo BTTS）	马萨诸塞州伯恩（Bourne）	运行
	太平洋海洋能中心南部能源试验场（PMEC SETS）	俄勒冈州纽波特（Newport）	在建
葡萄牙	Pilote Zone 海洋能试验场	维亚纳堡（Viana do Castelo）	运行
	阿古萨多拉海上试验场	阿古萨多拉（Aguçadoura）	在建
西班牙	比斯开海洋能试验场（BiMEP）	巴斯克地区	运行
	Mutriku 波浪能电站	巴斯克地区	运行
	PLOCAN 海洋平台	加那利群岛	在建
墨西哥	Port El Sauzal 海洋能试验场	下加利福尼亚州恩塞纳达（Ensenada，Baja California）	在建
	莫雷洛斯港试验站（Station Puerto Morelos）	金塔纳罗奥州莫雷洛斯港（Puerto Morelos，Quintana Roo）	在建

国家	试验场名称	位置	状态
丹麦	丹麦波浪能中心（DanWEC）	汉斯特霍尔姆（Hanstholm）	运行
	丹麦波浪能中心尼苏姆湾试验场（DanWEC NB）	尼苏姆湾（Nissum Bredning）	运行
比利时	奥斯坦德波浪能试验场	奥斯坦德港（Harbour of Ostend）	运行
挪威	伦德环境中心（REC）	伦德岛（Runde Island）	运行
瑞典	Lysekil 波浪能试验场	吕瑟希尔（Lysekil）	运行
	Söderfors 海洋能试验场	Dalälven	运行
法国	SEM-REV 海洋能试验场	Le Croisic	运行
	SEENEOH 潮流能试验场	波尔多市（Bordeaux）	运行
	Paimpol-Bréhat 潮流能试验场	Bréhat	运行
中国	国家浅海海上综合试验场	山东威海	在建
	国家潮流能试验场	浙江舟山	在建
	国家波浪能试验场	广东广州万山	在建
韩国	韩国波浪能测试和评估中心（K-WETEC）	济州岛（Jeju Island）	运行
	韩国潮流能中心（KTEC）	未定	规划
新加坡	圣淘沙岛潮流能试验场（STTS）	圣淘沙岛（Sentosa Island）	在建

第二节　欧洲海洋能产业现状

　　欧洲海洋能资源丰富，欧洲海洋能论坛（OEF）发布的海洋能战略路线图显示，到2050年，欧洲海洋能发电有望满足全欧洲10%的电力需求。目前，欧洲已成为国际海洋能产业的领军者，潮流能和波浪能成为海洋能开发利用的重点领域。根据《欧盟蓝色经济年度报告2019》统计，全球约58%的潮流能企业和61%的波浪能企业位于欧洲。

一、欧洲海洋能政策

英国、法国和爱尔兰等国均制定了专门的海洋能激励政策。英国的可再生能源义务制(RO)和差额合约制(CfD)，对海洋能发电给予了远超其他可再生能源发电的电价支持，MeyGen潮流能发电场一期电价达到 0.26 英镑/(kW·h)。爱尔兰为吸引潮流能企业开展示范运行，制定了 0.26 欧元/(kW·h)的电价支持政策，最大示范容量为 30 MW。法国为支持海洋能开发利用，制定了 0.15 欧元/(kW·h)的电价支持政策。

《欧盟蓝色经济年度报告 2019》统计了 2003—2017 年私人部门、国家资金、欧盟资金在海洋能领域的投入量(图 4.3)，累计达到 35 亿欧元。其中，私人部门投入 28 亿欧元，占比为 80%。欧洲国家资金投入自 2011 年以来增长缓慢，2014 年和 2015 年达到最高，约为每年 5 600 万欧元，占年度海洋能研发资金来源的 15% 以上。2007—2018 年，欧盟为海洋能的开发利用提供了大量的资金支持，总额达到 4.4 亿欧元。2019 年欧盟将在 NER300 计划的支持下为海洋能的开发利用投入 1.48 亿欧元。

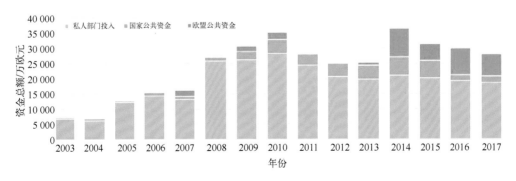

图 4.3　欧洲海洋能年度投资统计(2015—2017 年为估算值)

二、欧洲海洋能产业进展

欧洲海洋能联盟（OEE）于 2020 年 3 月发布的《2019 年海洋能主要发展趋势和统计》（图 4.4）显示，2010 年至 2019 年年底，欧洲潮流能累计总装机容量达到 27.7 MW，波浪能累计总装机容量达到 11.8 MW。目前仍在海上运行的波浪能和潮流能装置的总装机容量分别为 10.4 MW 和 1.5 MW。

Ocean Energy

Key trends and statistics 2019

March 2020

图 4.4 《2019 年海洋能主要发展趋势和统计》（OEE）

2019 年，欧洲潮流能新增装机容量达 1.52 MW，主要分布在英国和法国海域。欧洲波浪能新增装机容量达 0.6 MW，分布在葡萄牙、法国、比利时、意大利和英国等国海域。随着项目成功完成海上测试及示范计划，多数海洋能发电装置已退役。

值得一提的是，2019 年欧洲潮流能发电场和示范项目的发电量大幅提升，以 MeyGen 和 EnFAIT 项目为主，潮流能年发电量约 1 500×10^4 kW·h，足以为 4 000 户家庭提供电力。与 2018 年相比，发电量增加了 50%（图 4.5），这主要受益于现有潮流能发电场运营时间的增加，而不是新装机容量的增加。除了发电以外，开发商还在恶劣的海洋环境中积累了海洋能发电装置长时间运行的宝贵经验。潮流能项目的运营时间不再以周和月为单位来计算，而是以年为单位进行计算。随着海洋能技术的成熟，既降低了机组的发电成本，又证明了海洋能技术的可靠性。

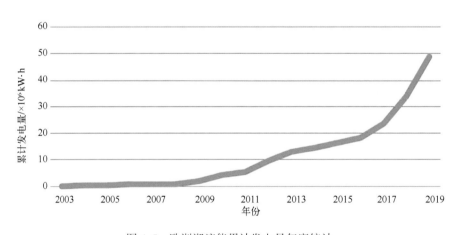

图 4.5　欧洲潮流能累计发电量年度统计

2019 年，欧洲安装的波浪能装置总装机容量为 603 kW，比上一年新增装机容量增长了 25% 以上。已布放的大多数装置是并网的。测试条件和研发资金仍然是影响波浪能发电装置安装频率和位置选择的主要因素。2019 年，欧洲海域布放的 6 台波浪能发电装置均为单机装置（图 4.6）。GEPS Techno 公司和 AW Energy 公司各安装了自己的首台全比例发电装置，这是向波浪能发电场迈进的关键一步。OPT 公司的发电装置也是全比例装置，但其装机容量较低，仅适合为海上监测设备等供电。NEMOS 公司、AMOG 公司和 Waves 4 Energy 公司布放的发电装置均为 1/2 比例或以下。这反映出目前波浪能发电装置仍处于多种设计共同发展的阶段，不同的设计概念既反映了装置针对的不同应用场合，也反映了所利用的波浪能资源类型。一些设备制造商已经开发了将波浪能与其他可再生能源或综合储能相结合的混合设计概念。

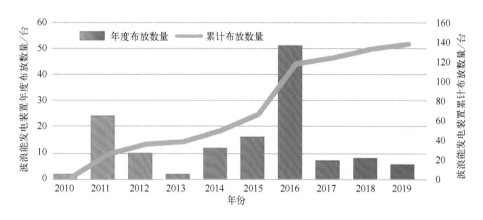

图 4.6　欧洲波浪能发电装置布放数量统计

目前，欧洲海洋能产业已由培育期向规模化发展。根据《欧盟蓝色经济年度报告 2019》的统计，欧洲海洋能产业上下游供应链约有 430 家企业(相比 2018 年统计值增加了 110 多家)，为欧洲海洋能产业创造了 2 250 个就业岗位(相比 2018 年统计值增加了 350 多个，图 4.7)。其中，英国海洋能产业链创造的就业岗位最多，将近 700 个(相比 2018 年统计值增加了 1 倍多)，爱尔兰、荷兰、意大利等国的海洋能产业链创造的就业岗位也均超过了 200 个。

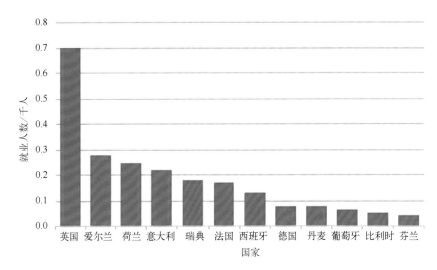

图 4.7　欧洲海洋能产业就业人数

第五章　OES 2019 年度进展综述

2019 年，OES 通过 11 个仍在进行的合作研究项目，持续推动 OES 成员联合开展海洋能技术交流合作与研究。

第一节　OES 成员 2019 年度进展概况

澳大利亚：2019 年 4 月，澳大利亚政府投入 3.3 亿澳元建立"蓝色经济合作研究中心"（CRC），支持澳大利亚蓝色经济的可持续增长，"海上可再生能源系统"是 CRC 的主要研究方向之一。澳大利亚海洋能源行业组织（AOEG）于 2019 年正式成立，并主办了海洋能源市场发展峰会，讨论了拉动客户和行业的推动机制，以增加整个澳大利亚海洋能源开发项目数量。MAKO 潮流能机组在澳大利亚格拉德斯通（Gladstone）港完成了海试，Wave Swell 公司开始建造 250 kW 波浪能发电装置，Carnegie 公司正在建造 CETO 6 波浪能发电装置，4 家国际企业正在澳大利亚筹备开发海洋能项目。澳大利亚已确定在班克斯（Banks）海峡和克拉伦斯（Clarence）海峡进行潮流能商业化开发。

比利时：在欧洲区域发展基金（ERDF）资助下，西佛兰德省（WestVleanderen）政府创建了海上海洋创新及发展平台——"蓝色加速器"，下设 1 个位于奥斯坦德（Oostend）的海洋能实验水槽，NEMOS 公司的波浪能装置已在该实验水槽完成测试。IBN 海上能源网络，为西佛兰德的众多公司搭建合作平台，开展了一系列促进海洋能领域发展的创新活动。包括西佛兰德海事集群在内的 5 个欧洲集群企业在欧盟支持下，重点发展波浪能、潮流能和海上风能，致力于成为蓝色能源的技术和产业化领域的领导者。Laminaria 波浪能公司正在开发 200 kW 波浪能样机，该样机已在 EMEC 完成了测试。

加拿大：2019 年 6 月，批准了影响能源部门和海洋可再生能源监管的新法案。2019 年，Jupiter Hydro 公司在 FORCE 获得了 2 MW 开发权，Nova 创新公司获得了 1.5 MW 开发权。加拿大政府为 DP 能源公司提供 2 970 万加元资助，用于在 FORCE 开发 9 MW 的 Uisce Tapa 潮流能发电项目。

丹麦：2019 年，丹麦有 9 家研发机构活跃在波浪能发电领域，其中 2 家完成了样机海试。WavePiston 公司在 DanWEC 完成了两年测试，将到西班牙 PLOCAN 开展测试。CrestWing 公司的样机 Tordenskiold 完成了海试，维护改进后将于 2020 年再次开展海试。Floating Power Plant 公司与 DP 能源公司合作在英格兰、苏格兰和爱尔兰等周边海域开发波浪能项目。德国 NEMOS 公司获得丹麦能源署批准，2020 年将在 Hanstholm 测试场开展装置测试。DanWEC 和 AAU 共同参加了荷兰海洋能中心（DMEC）发起的一项为期 3 年的合作项目。

欧盟：继续通过"Horizon 2020"（H2020）和 ERDF 等计划来支持海洋能发展。H2020 将更名为"地平线欧洲"，初步预算为 1 000 亿欧元。H2020 计划自 2014 年启动以来，已为 44 个海洋能项目提供了超过 1.65 亿欧元的研发资金支持。目前，仍在进行的海洋能项目有 19 个。2019 年启动了 3 个新的 H2020 项目。2019 年 5 月，发布了《欧盟蓝色经济年度报告 2019》。2023 年前，将通过"欧盟岛屿清洁能源"计划投入 1 亿欧元发展岛屿清洁能源技术。NER 300 计划正在发起创新基金(IF)计划，支持创新的商业规模可再生能源项目，预计 2020 年启动首轮招标。由欧洲投资银行(EIB)与欧盟共同发起的 InnovFin 能源示范项目(EDP)以贷款形式为首批项目提供资金支持。Waveroller 是唯一受益于此方案的波浪能项目。H2020 和 ERDF 共同支持了 Marinet2、Marinerg-i、Foresea 和 BlueGIFT 等海洋能测试基础设施合作项目。

法国：2019 年，法国环境与能源署(ADEME)启动了多个海洋能研发及示范项目招标，累计预算约 6 800 万欧元。ADEME 在 2019 年资助了两个新项目——Ushant 岛多能源互补系统和盐差能海水淡化项目。Energies Marines 公司获得政府 400 万欧元支持，用于海洋能创新研发项目，同时获得约 1 000 万欧元融资。由留尼汪大学和海军能源公司在留尼汪岛上建造的 OTEC 样机进入测试，同时还在岛上开发了 OTEC 综合利用示范，用于电力、空调、工业制冷、水产养殖、海水淡化、瓶装饮用水和化妆品生产等方面。GEPS Techno 公司在 SEM-REV 试验场的 Wavegem 平台，测试了其混合式(波浪能、太阳能)发电装置。OceanQuest 潮流能机组在 Paimpol-Bréhat 试验场连续并网运行 6 个月。Hydroquest Ocean 公司计划在诺曼底 Alderney Race 建设一个装机容量 10 MW 的潮流能发电场。

德国：目前约有 15 家研发机构参与了波浪能、潮流能和盐差能发电研发。SCHOTTEL HYDRO 公司与 SME 公司合作正在加拿大 FORCE 进行 PLAT-I 4.63 平台的海上试验，并计划开发新的 PLAT-I 6.40 平台。平台将配备 6 台潮流能机组，总装机容量 420 kW。SINN 公司已在希腊伊拉克利翁(Iraklion)港防波堤上安装了 2 台波浪能发电装置，并于 2019 年 9 月再次安装了 2 台第四代波浪能发电装置。

印度：2019 年，启动了 Kavaratti 海洋温差能海水淡化装置建设项目，日产淡水 100 m³。振荡水柱式波浪能动力导航浮标技术已签署技术转让协议，即将商业化。

爱尔兰：2019 年，启动了《气候行动计划》，列出了 150 多项行动计划，其中的 3 项与海上可再生能源有关。2003 年以来，爱尔兰可持续能源署（SEAI）向爱尔兰中小企业提供了超过 2 000 万欧元的资金支持海洋能技术研发，共支持了 125 个项目。海洋能源创新网络（OPIN）于 2019 年启动，旨在为海洋能中小企业建立跨专业和跨区域合作，以加速海洋能产业及其供应链的发展。OE 公司在爱尔兰和美国公共资金支持下，2019 年建造的 500 kW 的 OE Buoy 装置从美国俄勒冈州 Vigor 船厂运至夏威夷的 WETS 试验场，预计将进行 1 年的测试。爱尔兰海洋能源网的"一站式服务"为海洋能用户提供必要指导。

意大利：地中海大学开发的 REWEC3 振荡水柱式波浪能转换装置，已安装在奇维塔韦基亚（Civitavechia）港，将在萨莱诺（Salerno）港建造。都灵理工学院正在开发适用于地中海的惯性海洋波浪能转换装置（ISWEC），该系统集成了光伏系统和存储系统，2019 年 3 月在亚得里亚海开展了 50 kW 示范。Fincantieri 等公司联合开发了基于 ISWEC 系统的波浪能发电装置。第一台商业化 ISWEC 装置将于 2020 年下半年安装到西西里海峡 Prezioso 平台附近。Ponte di Archimede 公司布放在墨西拿海峡（Stretto di Messina）的 KOBOLD 涡轮机现已并网运行，装机容量 30 kW。

墨西哥：墨西哥政府目前正在筹建"碳市场"，旨在建立有利于低碳计划的机制。墨西哥海洋能源创新中心（CEMIE-Océano）2019 年的预算约为 200 万欧元。根据能源部发布的《海洋能源技术路线图》显示，CEMIE-Océano 对墨西哥的波浪能、海流能、盐差能和温差能进行了理论评估。CEMIE-Océano 波浪能团队正在对 5 台波浪能转换装置开展研发和实验室测试。CEMIE-Océano 将在下加利福尼亚的恩塞纳达（Ensenada）和金塔纳罗奥州的科苏梅尔分别建设波浪能和潮流能试验场。坎佩切大学建造的波浪能水槽，为墨西哥的波浪能装置提供了更好的测试条件。

韩国：2019 年，用于海洋能源研发及示范的国家资金达 1 620 万美元。韩国船舶与海洋工程研究所（KRISO）波浪能试验场将于 2020 年 7 月投入使用。2017 年韩国海洋科学技术院（KIOST）启动的韩国潮流能源中心（KTEC）项目，预计 2022 年 12 月建成。KRISO 正在开发小型 OWC 式波浪能转换器，结合防波堤和储能系统，为偏远非并网岛屿提供电力，2019 年建造了样机。KRISO 开发的 1 MW OTEC 电站于 2019 年 9 月在东海完成短期示范，随后将于 2020—2021 年在基里巴斯南部塔拉瓦建造陆上电站。2019 年 9 月 27—28 日第七届国际 OTEC 研讨会在韩国釜山举行。

荷兰：荷兰海洋空间规划对海上风能、海洋生物质能和海洋能的 2050 年开发愿景进行了用海分析，潮流能和波浪能最大可开发量达 2 000 MW。Grevelingendam 潮流能技术中心于 2019 年开始建设，预计于 2020 年竣工。该中心建成后，可以为低水头潮流能机组提供 3 种不同比例的试验水槽。2019 年，SeaQurrent 公司对"潮流风筝"进行了测试，其适用于低速潮流和海流，计划开展第一个商业化并网示范项目。Redstack 公司继续致力于反电渗析（RED）技术研发。在对 Afsluitdijk 盐差能示范装置进行测试之后，Redstack 公司将在卡特韦克（Katwijk）建立第一个盐差能示范电站。Tocardo 公司于 2018 年 10 月破产，但其 1.25 MW 潮流能电站（2015 年开始运行）仍然在 Eastern Scheldt 运行。

挪威：挪威创新局（Innovation Norway）通过"环境友好型技术"计划支持海洋能装置样机研发，最多提供研发费用的 45% 的资金支持。挪威研究委员会通过 ENERGIX 能源研究计划，支持可再生能源技术研发。

葡萄牙：2019 年，国家海洋空间计划获得批准，建立了包括海洋能在内的海洋空间使用许可制度。葡萄牙风险投资公司与" Fundo Azul"国家基金联合发起了"蓝色经济倡议"活动，旨在支持包括海洋能在内的海洋经济新兴产业。芬兰 AW Energy 公司于 2019 年 10 月在葡萄牙 Peniche 布放了 1 台 300 kW WaveRoller 装置。

新加坡：新加坡政府已拨款超过 1.4 亿新元用于清洁能源技术研究，海洋能被确定为偏远沿海地区和岛屿的主要替代能源之一。圣淘沙潮流能试验场于 2013 年启动。2019 年，在该试验场的浮式驳船中布放了 1 台潮流能机组。南洋理工大学能源研究所（ERI@N）与澳大利亚 MAKO 潮流能公司在圣淘沙岛合作开展示范项目。新加坡经济发展局（EDB）正在开展 100 MW 漂浮式太阳能项目的可行性研究。

西班牙：2019 年，西班牙政府制订的《能源与气候国家综合计划 2021—2030》（草案），设定的海洋能发展目标是 2025 年装机容量达 25 MW，2030 年装机容量达 50 MW。巴斯克能源管理局（EVE）在 2019 年再次发起"新兴海洋可再生能源技术示范和验证"计划，预算 250 万欧元，项目周期最长 3 年。Mutriku 波浪能电站是世界上第一个多涡轮机波浪能装置，现已被整合到 BiMEP 试验场。2019 年 2 月，Magallanes Renovables 公司 1.7 MW 平台布放到 EMEC。

瑞典：2019 年 12 月，瑞典海洋与水管理署向瑞典政府提交了海洋空间规划提案。该提案将成为海洋空间利用（包括海洋能试验场）决策的基础。2019 年，Minesto 公司在北威尔士附近安装了 1 台 500 kW 潮流能机组。2019 年，CorPower 公司对准备在葡萄牙测试的首台 300 kW 全比例波浪能发电装置进行了认证。

英国：苏格兰波浪能计划（WES）仍然是英国波浪能研发活动的重点资金计划。2019 年，WES 向 11 个波浪能项目投入了 900 万英镑资金。威尔士欧洲基金办公室（WEFO）继续为波浪能技术研发做出重要贡献，自 2014 年以来已拨款 3 040 万英镑用于波浪能研发。到 2019 年年底，MeyGen 项目已发电超过 $2\,300{\times}10^4$ kW·h。Nova Innovation 公司 0.3 MW 潮流能发电阵列持续运行，累计发电时间超过 $2{\times}10^4$ h（截至 2019 年 12 月底）。该公司还获得了从 2020 年开始在加拿大 FORCE 布放 1.5 MW 潮流能阵列的许可。Orbital 海洋能公司 2 MW SR2000 漂浮式潮流能机组实现了年 $300{\times}10^4$ kW·h 发电量，2020 年新机组将在 EMEC 布放。Minesto 潮流能公司在安格尔西海岸附近布放了其商业化低流速潮流能发电装置，并获得了国际上首笔订单。潮流能产业加速器（TIGER）项目由英国海上可再生能源孵化器（ORE Catapult）牵头，总投资 4 680 万欧元。项目于 2019 年 7 月启动，为期 4 年，计划建设 8 MW 潮流能发电场。

美国：2019 年，美国能源部水能技术办公室（WPTO）正式启动"为蓝色经济提供动力"计划，于 3 月发布了《为蓝色经济提供动力：探索海洋可再生能源海上新应用》。2019 年 1 月，WPTO 投入 2 500 万美元用于新一代海洋能设备研究项目。3 月，为海洋能研究基础设施及知识网（TEAMER）计划提供 1 600 万美元，为期 3 年，支持海洋能技术的测试和研究，并为技术开发人员提供现有的测试基础设施和专业技术帮助。6 月，WPTO 启动了"波浪能海水淡化"（Waves to Water）竞赛活动。竞赛分为四个阶段，奖金高达 250 万美元，旨在推动波浪能发电海水淡化系统创新发展。11 月宣布了竞赛第一阶段的 10 名优胜者。2019 年 6 月，WPTO 通过能源部小企业创新研究（SBIR）计划选择了 7 家小型海洋能企业进行支持。海洋能源学院竞赛（MECC）活动是 WPTO 在 2019 年发起的一项新计划，将有 15 个学生团队入围，共同探索创新的海洋能解决方案，以满足整个蓝色经济的电力需求。决赛入围者将于 2020 年 5 月在华盛顿特区举行的国际海洋能会议上展示他们的设计方案。海洋和水动力学研究生科研计划于 2019 年 10 月启动，由 WPTO 和橡树岭科学与教育学院（ORISE）共同管理。2019 年 10 月，WPTO 投入 2 490 万美元推动创新行业主导的技术路线，促进海洋及水动力（MHK）产业发展，有 7 家企业的海洋能项目获得资金支持。2019 年 11 月，能源部（WPTO，隶属于 DOE）与国家海洋和大气管理局（NOAA）共同发起"为蓝色经济提供动力：海洋观测"奖活动，奖金高达 300 万美元。该奖项旨在推动海洋能和海洋观测平台技术的融合创新发展。海洋电力技术公司在亚得里亚海完成了 3 kW PB3 型 PowerBuoy 波浪能发电装置连续 1 年的测试。海洋能源公司于 2019 年 11 月将 500 kW 海洋能浮标布放到夏威夷美国海军波浪能试验场。

第二节　OES 主要成员 2019 年度海洋能进展

一、英国海洋能年度进展

2019 年，英国海洋能发电量增长较快，已布放的波浪能和潮流能装置的数量超过了世界其他国家或地区。英国继续开展波浪能的创新研发，推动波浪能向设计收敛和商业化方向发展。英国的波浪能研发活动仍通过苏格兰波浪能计划（WES）为波浪能创新和示范项目提供资金支持。2019 年，该计划通过各种创新项目和研究活动，为 11 个波浪能项目提供了 900 万英镑的资金支持。威尔士欧洲资助办公室（WEFO）也继续为波浪能研发提供支持。自 2014 年起，WEFO 已为波浪能研发投入了 3 040 万英镑的资金支持。截至 2019 年年底，MeyGen 项目发电量超过 $2 300×10^4$ kW·h，Nova Innovation 公司 0.3 MW 潮流能阵列并网发电时间超过 $2×10^4$ h，还集成了特斯拉电池储能系统。苏格兰潮流能开发商获得了在加拿大布放 1.5 MW 潮流能阵列的许可，将于 2020 年启动。Orbital Marine Power 公司 2 MW 漂浮式 SR 2000 装置布放 1 年的发电量达到了 $300×10^4$ kW·h，改进的 2 MW Orbital O2 机组将于 2020 年在 EMEC 试验场布放。Minesto 公司 Deep Green 技术获得了首个国际订单。2019 年 7 月，TIGER 项目启动，计划在英吉利海峡布放8 MW 潮流能发电场。

（一）海洋能政策

英国商业、能源和工业战略部（BEIS）全面负责英国的能源政策。

苏格兰、威尔士和北爱尔兰政府负责制定本地区发展规划、渔业和能效提高等方面的相关政策。

2019 年 5 月，英国独立气候咨询机构——气候变化委员会（CCC）发布了题为《净零——英国为阻止全球变暖做出的贡献》的报告，重新评估了英国的长期碳排放目标，并提出了新的温室气体减排目标建议，分别为：到 2050 年英国温室气体排放减少 100%；到 2045 年苏格兰温室气体排放减少 100%；到 2050 年威尔士温室气体排放减少 95%。2019 年 6 月，英国将 2050 年的净零目标纳入了英国相关气候变化法案，使英国成为世界第一个设立 2050 年温室气体净零排放目标的主要经济体。

BEIS 委托能源创新需求评估（EINA）项目召集英国所有的政府资助机构，对低碳技术（包括海洋能）进行排序并对研发资金进行分配。2019 年 10 月，EINA 项目对潮流能领域的创新需求、市场壁垒和商机进行了总结。但是，在英国大选后，此项投资被纳入下一届政府支出审查中，因此现任政府尚未制定 2020 年海洋能的支持政策。

苏格兰政府继续为海洋能的研发、创新和示范提供支持，以保持苏格兰在世界波浪能和潮流能领域的领先地位。具体包括为苏格兰波浪能计划（WES）提供持续支持，并在 2019 年 2 月建立了 Saltire 潮流能挑战基金（资金总额为 1 000 万英镑），以加快苏格兰海域潮流能发电装置的商业化布放。截至目前，苏格兰政府已通过 WES 为 90 多个项目投入了近 4 000 万英镑的资金。2019 年为各种创新项目和研究活动投入了 900 万英镑的资金，其中有 770 万英镑用于 2020 年 2 台苏格兰波浪能发电装置的布放。苏格兰政府将按照《2019 年苏格兰皇家财产法案》开展用海租赁业务，海上风电新一轮用海租赁即将启动，但

30 MW 内的海洋能项目可随时获得用海批准。

威尔士政府的目标是到 2030 年可再生能源发电量能够提供本地区 70% 的电力供应，其中一部分应来自海洋能。为实现该目标，威尔士政府已通过 WEFO 将未来 5 年约 1 亿英镑的欧盟结构性基金进行了分配，目标是增加波浪能和潮流能测试装置的数量，将威尔士建成海洋能发电中心。最近，威尔士政府从 ERDF 获得了 1 490 万欧元资金，用以支持下一阶段 Minesto 潮流能发电装置在威尔士的商业化开发。此外，2019 年 11 月威尔士启动了国家海洋计划，旨在为海洋能技术发展提供重要支持。

2019 年，英国海洋能理事会(MEC)与苏格兰可再生能源协会联合发布了《2019 年英国海洋能报告》，分析了海洋能产业对英国经济中长期的带动作用，并提出了创新电力购买协议(IPPA)和创新差额合约(ICfD)两种产业发展政策建议。

英国政府继续通过差额合约制(CfD)为各种可再生能源技术提供电价支持。在现行 CfD 机制下，海洋能技术属于"未成熟"技术，与海上风电和先进转换技术一起竞拍，因此，目前尚未有海洋能技术获得 CfD 支持。在 2019 年 5 月第三轮竞拍中，海上风电创造了低价纪录；2023/2024 年的结算价格为 39.65 英镑/(MW·h)，2024/2025 年的结算价格为 41.611 英镑/(MW·h)，比 2017 年 CfD 竞拍成交价 57.5 英镑/(MW·h)降低了 30%。

(二)技术研发项目

2018 年 7 月，英国工程与自然科学研究理事会(EPSRC)出资 500 万英镑建立了 Supergen 海上可再生能源中心(ORE)，由普利茅斯大学负责协调，汇集了英国多家研究机构，包括爱丁堡大学、阿伯丁大学、埃克塞特大学、赫尔大学、曼彻斯特大学、牛津大学、南安普敦大学、斯特拉斯克莱德大学和华威大学。2019 年 6 月，获得 400 万英镑资助，将英国各地的研究机构联合起来，推进海洋可再生能源产业发展。目前，该中心已向英国大学提供了约 100 万英镑资金的支持，用于推进海洋可再生能源研究项目的发展。

海洋可再生能源孵化中心是英国一流的创新技术研发中心，融合了研发、示范、测试设施、海洋工程及其他产业经验和知识，有效地推动了海洋能技术的商业化进程。截至 2019 年年底，该中心共支持了 801 家中小企业，并与 1 000 多家学术及产业机构开展合作。

未来潮流能阵列（EnFAIT）项目投入资金 2 020 万欧元，由欧盟 H2020 支持，于 2017 年 7 月启动，持续至 2022 年 6 月。由苏格兰 Nova Innovation 公司牵头，将在其现有的 0.3 MW 潮流能阵列基础上，继续布放 3 台潮流能机组，使总装机容量增加到 600 kW，并实现阵列的高可靠性和可用性。2019 年，在 1 个月内完成了 3 台机组的现场回收、维修和重新布放（图 5.1）。该项目已有 60 多家苏格兰企业参与，广泛提升了苏格兰潮流能产业链的经济效益。2020—2021 年将安装另外 3 台机组。

潮流能涡轮机动力输出加速（TIPA）项目，在欧盟 H2020 支持下，开展潮流能机组新型直驱式动力输出装置（PTO）技术创新及测试，以实现潮流能机组全生命周期成本降低 20% 的目标。项目由 Nova Innovation 公司牵头，2019 年春季完成海试，2019 年年底完成，潮流能机组成本实际下降了 29%，超过预期目标。

潮流能产业加速器（TIGER）项目牵头单位是海上可再生能源孵化

中心，总经费 4 680 万欧元，起止时间为 2019 年 7 月至 2023 年 6 月。其中，ERDF 提供 2 800 万欧元的资金支持。项目目标是开展跨区域合作，对潮流能新技术进行开发、测试和示范，并在英吉利海峡安装 8 MW 的新型潮流能发电装置，促进潮流能新产品及相关服务的发展。TIGER 项目是区域合作计划中最大的项目，它将使潮流能成为一种经济高效的能源，同时推动法国和英国能源结构的发展。

图 5.1   Nova Innovation 公司潮流能机组再布放

潮流能发电并网（ITEG）项目由 ERDF 提供资助，总预算 1 100 万欧元，牵头单位为 EMEC。项目实施周期为 2017—2020 年，目标是开发潮流能发电及制氢的综合利用方案，用于为偏远海岛供电及电力输出限制。项目参与单位分别来自英国、法国、比利时和荷兰，将利用 Orbital 公司 2 MW 的 O2 装置发电作为动力来制氢（图 5.2），从而降低海洋能发电装置商业化示范的成本。

2019 年，WES 向 11 个波浪能研发项目提供了 900 万英镑资金，继续在苏格兰海域支持开展波浪能子系统集成和全功能波浪能发电装置样机布放；2019 年 1 月，WES 向两家公司提供了 770 万英镑，用于全比例样机建造及布放。这两个项目将于 2020 年布放,目前正在进行装置加工。截至 2019 年年底,WES 已向 5 种大比例波浪能发电装置提供了示范资金支持,并向 2 个波浪能发电装置控制系统设计项目追加了 100 万英镑资金。近期,WES 宣布投入 46 万英镑,用于开发波浪能发电装置海上快速连接系统,借助其他海上工程领域成熟技术推动波浪能发电装置布放及回收技术。WES 累计向 95 个波浪能项目提供了约 4 000 万英镑资金。

图 5.2　EMEC 变电站及制氢车间

战略性欧洲行动计划海洋可再生能源基金(FORESEA)项目总预算 1 100 万英镑,实施周期为 2016—2018 年。海洋能研发机构可免费使用该项目下的 4 个海洋能测试场,包括英国 EMEC、荷兰 DMEC、法国 SEM-REV 和爱尔兰 SmartBay。项目实施期间,共有 29 个海洋能发电装置开展了现场海试。鉴于 FORESEA 项目取得的良好效果,项目结束后,ERDF 又投入约 1 300 万欧元,支持开展后续项目——Ocean DEMO 的研发,重点针对多机海洋能发电装置实海况下的性能测试,以促进技术的完全商业化。2019年启动了两轮申请，共有20多个项目获得支持。

（三）示范运行项目

MeyGen潮流能发电场由SIMEC Atlantis公司运营，位于苏格兰彭特兰湾。截至2019年年底，MeyGen项目累计并网发电量超过2 300×10^4 kW·h，而且2019年全年没有进行海上维护，4台机组的可用率达到90%左右。

Nova Innovation公司获得了苏格兰皇家财产局的项目扩大用海审批，最大可装机容量为2 MW，后续将由现有的3台机组增加到6台机组。截至2019年年底，向设得兰群岛电网累计供电时间已超过2×10^4 h(图5.3)。Nova Innovation公司还获得了加拿大政府许可，从2020年起在加拿大FORCE试验场布放15台新型涡轮机组阵列，总装机容量为1.5 MW。

图5.3　Nova Innovation公司新型潮流能机组

英国斯旺西Marine Power Systems(MPS)公司开发的波浪能发电样机WaveSub在康沃尔郡FaBTest试验场成功完成了12个月的海上示范

运行(图 5.4)，总预算为 550 万英镑。其中，WEFO 和威尔士政府提供了 350 万英镑。2019 年，欧盟为 MPS 公司提供了 1 280 万英镑资金，支持其全比例 WaveSub 波浪能发电装置的制造和测试。ERDF 也为 MPS 公司提供了 430 万英镑资金，用于启动并加快漂浮式海上风电与波浪能综合利用技术的研发。

图 5.4　WaveSub 被拖往试验场海试

芬兰 Wello Oy 公司"企鹅一号"(一式)波浪能发电装置在 EMEC 持续测试及示范了 7 年，积累了宝贵经验，并成功应用到"企鹅二号"波浪能发电装置的设计中。2019 年，"企鹅二号"被拖航到奥克尼群岛，原计划布放到 EMEC 波浪能试验场。由于欧盟 CEFOW 项目到期，Wello Oy 公司正在重新选择布放海域。

2019 年，Orbital Marine Power 公司建造了 2 MW 型 Orbital O2 机组，将于 2020 年在 EMEC 潮流能试验场布放。该机组装配了两个直径 20 m 的转子，是目前扫掠面积最大的潮流能发电装置。该装置通过新型"鸥翼"伸缩系统可实现漂浮式潮流能发电装置的桨距控制，简化了将桨叶收回机舱的过程。

(四)海洋能海上试验场

EMEC 成立于 2003 年,是唯一一个获得英国皇家认可委员会(UKAS)认可的波浪能及潮流能发电装置测试中心。其总部位于苏格兰奥克尼群岛,拥有 13 个全比例装置测试泊位和 2 个比例样机测试泊位。除了开展波浪能及潮流能发电装置的测试外,EMEC 还开展了漂浮式海上风电、绿色制氢和能源系统方面的多个项目。微软公司在 EMEC 波浪能试验场继续开展海底数据中心电力供应及系统冷却的测试。2019 年 3 月,EMEC 启动了总预算为 3 100 万欧元的漂浮式海上风电项目。

WaveHub 并网试验场,距离康沃尔海岸约 10 n mile,主要开展大型海上可再生能源发电装置测试。测试场海域使用面积为 8 km²,建有 4 个测试泊位,归 BEIS 所有,由 WaveHub 公司运营。该公司正在制定漂浮式海上风电与波浪能技术综合利用方案。

FaBTest 试验场位于康沃尔郡法尔茅斯湾,面积 2.8 km²。由于其位于海湾,属于相对遮蔽的位置,适合开展较小比例的概念装置和组件的测试。2019 年,海洋动力系统(MPS)公司和 AMOG 公司在该试验场对 WaveSub 系泊系统和 AEP 波浪能发电装置开展了测试并成功实现发电。

META 是威尔士海洋能协会新建立的试验场,位于彭布罗克郡,设计有 7 个测试泊位,有助于开展组件、子组件和单个设备的测试,EMEC 和 WaveHub 为该试验场的建设提供了战略性建议。2019 年 9 月启动了试验场一期工程建设。

Morlais 潮流能示范区，位于安格尔西岛，面积 37 km²，可用于海洋能发电装置测试、示范及商业化运行，总预算 3 300 万英镑，最近得到欧盟和威尔士政府 450 万英镑的资金支持。目前，该示范区处于审批过程中。2019 年 5 月，加拿大 Big Moon Power 公司与该示范区签署了协议，将在该区域开展潮流能发电装置的商业化布放。

二、美国海洋能年度进展

美国能源部水能技术办公室（WPTO）致力于推动海洋能发展成为重要的可再生能源，为国家电网提供低成本、高灵活度的电力供应。WPTO、美国国家科学基金会（NSF）和美国海军研究办公室（ONR）是美国资助海洋能技术研发及示范的主要机构。

（一）海洋能政策

WPTO 为关键技术创新、降低项目风险等活动提供资金支持，推进美国海洋可再生能源产业发展。WPTO 主要支持四个领域研究——基础和交叉学科研究、特定技术设计和验证、实验室及现场测试、数据共享及分析。2019 年，WPTO 启动了"为蓝色经济提供动力"计划，目的是了解沿海和离网地区新兴市场的用电需求，这些地区非常适合将海洋可再生能源纳入其供电系统，以缓解用电限制并促进当地蓝色经济发展。自 2013 财年以来，联邦政府对 WPTO 的资助一直保持上升趋势（图 5.5），2020 财年 WPTO 获得的资金总额为 1.48 亿美元。资金分配相对较为均衡，主要投入为私人企业（38%）、国家实验室（36%）和大学（24%）。从支持领域来看，波浪能占比较高，达到 45%，跨领域综合应用占比达 37%，潮流能占比为 17%。

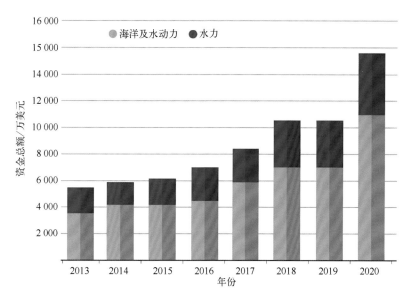

图 5.5 WPTO 海洋能年度投入统计

虽然美国没有制定专门的海洋可再生能源市场激励措施，但是美国的清洁能源激励措施可能适用于某些地区的海洋可再生能源。清洁可再生能源债券制（CREB）是联邦税收减免债券，其收益可用于政府机构（包括州和市）、公共电力供应商或有资质的可再生能源（包括海洋可再生能源）联合电力公司的资本支出。债券持有人可获得联邦税收抵免以代替一部分债券利息，从而降低了借款人的有效利率。

合格节能债券（QECB）是州级的激励措施，州、地方和部落政府可以利用该措施资助某些类型的能源项目。QECB 与 CREB 类似，但不需要通过美国财政部的审批。发行 QECB 的借款人只偿还债券的本金，债券持有人可获得联邦税收减免，代替原有的部分传统债券利息。每季度可进行一次税收减免，以抵消债券持有人的纳税义务。

在许多州制定的可再生能源配额制（RPS）和自愿性可再生能源目标中，海洋可再生能源是一种符合条件的资源。这种市场机制要求公共电力生产中，可再生能源发电必须占有一定的比例。目前，已有29个州制定了 RPS，8 个州制定了自愿性可再生能源目标。

小型企业创新研究(SBIR)计划和小型企业技术转移(STTR)计划主要为小型企业提供资助，即联邦政府机构从研发预算中留出一小部分资金用于资助小型企业参与在早期研究阶段的竞争。得到计划资助的小型企业对其开发的技术拥有所有权，此外还鼓励这些企业将其技术商业化。美国能源部还有一个技术商业化基金(TCF)，主要利用能源计划中的研发资金，与私营企业合作，促进有发展潜力的能源技术尽快成熟。最后，能源部还设立有奖竞争机制，以此吸引特定领域内的创新者及投资。

海洋能技术还可以通过非营利性基金和公私合作企业(例如俄勒冈波浪能信托基金或施密特海洋技术合作公司)获得资金支持。

(二)技术研发项目

美国众多大学、私营公司、非营利组织和国家实验室都积极参与海洋可再生能源研究，这些机构共有约 40 个海洋能特色基础设施。为了促进海洋可再生能源技术的研究和推广，WPTO 与 5 所大学合作，共同运营着 3 个国家海洋可再生能源中心。

太平洋海洋能中心(PMEC)：前身为西北国家海洋能中心，由华盛顿大学、俄勒冈州立大学和阿拉斯加费尔班克斯大学合作成立。中心负责协调西北太平洋地区海洋能测试设施的使用，并与利益相关方合作，共同应对海洋能发展面临的主要挑战。

夏威夷国家海洋可再生能源中心(HINMREC)：由夏威夷大学马诺阿分校的夏威夷自然能源研究所负责运营，主要目标是促进商业化波浪能系统的开发和应用。HINMREC 还协助管理夏威夷的两个试验场——波浪能试验场和温差能试验场。

东南国家海洋可再生能源中心 (SNMREC)： 由佛罗里达大西洋大学负责运营，研究重点是美国东南部的海流能和海洋温差能的开发利用。

能源部下设的国家实验室拥有先进的仪器设施，能够利用其专业知识以及将基础科学转化为创新技术的方法，来应对大比例海洋能装置技术研发挑战。WPTO 与桑迪亚国家实验室 (SNL)、国家可再生能源实验室 (NREL)、西北太平洋国家实验室 (PNNL) 等均有合作。

2019 年 1 月，WPTO 为新一代海洋能装置研究项目提供了 2 500 万美元资金，共支持了 12 个创新项目，研究范围包括装置设计、控制系统和动力输出系统设计集成以及测试、环境影响研究等。

2019 年 3 月，WPTO 宣布将拨款设立一个新的海洋能技术测试项目——美国海洋能研究基础设施及知识网（TEAMER）项目，为期 3 年，总预算 1 600 万美元，用于支持海洋能技术测试和研究，为技术开发商提供测试基础设施的使用、与世界顶级专家交流、提供可比较的测试方案和数据等支持。2019 年 9 月，WPTO 选定太平洋海洋能信托基金 (POET) 作为 TEAMER 项目的网络总监，以确保该项目的平稳运行。

2019 年 6 月，WPTO 启动了 "Waves to Water" 竞赛。竞赛分为四个阶段，共提供 250 万美元的奖励，支持采用小型模块化且具有成本竞争优势的技术，为灾后恢复地区及偏远沿海地区提供清洁的饮用水。

2019 年 9 月，WPTO 启动了海洋能源学院竞赛（MECC），学生团队将探索创新的海洋能开发方案，解决蓝色经济发展中的电力供应问题。2019 年 11 月入选竞赛的 15 个团队对蓝色经济中有发展前景的市场及海洋能最佳的应用方式进行探索，以满足蓝色经济市场的独特需求。2020 年 5 月，进入决赛的团队将在华盛顿举行的国际海洋能大会上介绍其设计方案和商业应用案例。

2019 年 10 月，WPTO 启动了海洋与水动力学研究生科研计划，由 WPTO 和橡树岭科学与教育研究所（ORISE）共同管理，主要对美国撰写研究论文和/或学位论文的全日制博士生开放，向其提供能源部办公室、国家实验室、企业和其他获批机构的专业知识、资源和相关设施。

2019 年 10 月，WPTO 宣布投入 2 490 万美元，推动产业主导的创新技术方案的开发，促进海洋能等产业发展。涉及海洋能的课题包括：低水头水力发电和贯流式流体动力学技术、创新型波浪能装置设计及海洋能中心研究基础设施改造。

2019 年 11 月，WPTO 与美国国家海洋和大气管理局（NOAA）的综合海洋观测系统（IOOS）共同发起了"为蓝色经济提供动力：海洋观测"活动，奖金高达 300 万美元，主要目标是开发海洋能系统与海洋观测平台和技术的集成方案。

（三）示范运行项目

海洋电力技术公司（OPT）的 PB3 波浪能发电装置在亚得里亚海连续运行 1 年（图 5.6）。该 3 kW 型波浪能发电装置已应用于意大利国家能源控股公司的 MaREnergy 研发项目，目标是证明波浪能技术在石油和天然气运营中的适用性。目前，该公司正在利用 PB3 开展水下技术系统的集成研究，以实现系统的远程控制，并可开展油田开发、环境监测和自主式潜水器探测等方面的应用。

图 5.6　PB3 波浪能发电系统海上运行

2019 年 11 月，Ocean Energy 公司在夏威夷的 WETS 试验场对其 500 kW 振荡水柱式海洋能浮标开展测试。2018—2019 年，该装置在俄勒冈州波特兰的 Vigor Iron 工厂完成建造（图 5.7），2019 年 11 月运抵测试地点。该装置长 35 m，装配了西门子公司设计的 500 kW 的 HydroAir 涡轮机，自带控制系统，样机已在爱尔兰戈尔韦（Galway）湾成功完成测试。

图 5.7　Ocean Energy 公司的 500 kW 装置完成建造

Oscilla Power 公司正在开发 Triton 双体多点吸收式波浪能发电装置。现已完成小比例样机测试，最近完成了动力传动系统设计，并在 2020 年年初完成实验室测试。该公司正在建造 10 m × 7 m 的 100 kW 型 Triton-C 装置，于 2020 年夏季在 WETS 试验场进行测试。

三、欧盟海洋能年度进展

2019 年，欧盟继续通过 H2020 和 ERDF 等计划支持海洋能发展。欧盟鼓励各成员将海洋可再生能源发展纳入本国正在制订的"2030 年国家能源和气候规划"中。欧盟正在制定《欧洲绿色协议》战略，包括海洋可再生能源发展战略，于 2020 年出台。

（一）海洋能政策

海洋能战略能源技术规划提出，到 2025 年潮流能发电成本下降到 0.15 欧元/（kW·h），到 2030 年发电成本下降到 0.1 欧元/（kW·h）；到 2025 年波浪能发电成本下降到 0.2 欧元/（kW·h），到 2030 年发电成本下降到 0.15 欧元/（kW·h）。为实现这一目标，预计总计需要 12 亿欧元的装机资金，欧盟将通过 H2020 计划等提供其中的 1/3 资金支持。2019 年成立了方案实施工作组。

2007—2018 年，欧盟通过研发框架计划（FP6、FP7、H2020）、ERDF、NER 300 计划以及创新资金能源示范计划（InnovFin EDP）等资金计划，在海洋能领域投入的资金高达 8.64 亿欧元。

2019 年 5 月，欧盟发布了《欧盟蓝色经济年度报告 2019》，调查了包括海洋能在内的新兴能源领域的作用以及它们带来的投资和未来潜在的就业机会。

NER 300 计划是欧洲首个支持产业化规模可再生能源项目的资金计划。2013 年和 2014 年，共有 5 个海洋能项目通过 NER 300 计划获得资金支持(表 5.1)。2019 年无新的海洋能支持项目。

表 5.1　NER 300 计划支持的在研海洋能项目

国家	技术	项目	资助资金/万欧元	现状
英国	潮流能	艾莱海峡 (Sound of Islay)项目	2 065	正在进行中
英国	潮流能	Stroma(MeyGen 1B)	1 677	等待最终投资决定，将安装新开发的 2 MW 涡轮机
法国	温差能	Nemo	7 200	等待最终投资决定，预计在 2020 年进行安装
葡萄牙	波浪能	Swell	910	获得许可和批准，预计在 2020 年夏季进行安装
爱尔兰	波浪能	WestWave	2 320	正在进行技术收购

创新基金是一项正在制订的新计划，是 NER 300 计划的延续，将于 2020 年启动，进行第一次项目征集。创新基金将为能源密集型产业的低碳创新、碳捕获与利用技术、创新型可再生能源及储能技术、有关环境安全的二氧化碳捕获与封存示范项目提供资金支持。

欧洲投资银行与欧盟共同推出了 InnovFin EDP 计划，以贷款的形式为同类别首个项目提供支持。目标是促进并加快欧洲新兴市场创新企业和项目融资。芬兰与葡萄牙联合项目 WaveRoller 于 2016 年获得了 1 000 万欧元贷款。

2018 年，欧盟委员会提出了 2021—2027 年资金资助计划的建议。Horizon Europe 将成为 H2020 的延续计划，研究与创新的初始预算为 1 000 亿欧元。针对该计划的主体结构已达成了一项临时协议。预计该计划最终于 2020 年实施。

（二）技术研发项目

H2020 计划在 2014—2019 年共为 44 个海洋能项目提供了超过 1.65 亿欧元的资金支持。2019 年，启动了 3 个项目，目前仍有 19 个项目在研（表 5.2）。

表 5.2　H2020 计划支持的在研海洋能项目

支持年度	项目	开发商	研究重点
2019	LiftWEC	—	开发一种新型波浪能装置，利用旋转水翼上产生的升力来提取波浪能
2019	Element	Nova Innovation	利用人工智能提高潮流能涡轮机的性能
2019	NEMMO	Magallanes/Sagres	重点关注潮流能涡轮机叶片的开发
2018	RealTide	Sabella，EnerOcean	识别海上潮流能涡轮机故障，改进叶片和 PTO 等关键部件设计
2018	IMAGINE	—	开发新的电动机械发电机
2018	MegaRoller	AW Energy	为波浪能发电装置开发新一代 PTO 并进行示范
2018	Sea-titan	Wedge，Corpower	直驱 PTO 设计、加工、测试和验证，可与多种类型波浪能装置一起使用
2018	DTOceanPlus	Corpower，EDF，NavalEnergies，Nova Innovation	开发海洋能技术第二代开放资源设计工具并进行示范，包括子系统、能量捕获装置和阵列
2017	Ocean_ 2G	Magallanes	开发 2 MW 漂浮式潮流能平台
2017	EnFait	Nova Innovation	旨在扩大位于设得兰群岛现有的 300 kW 潮流能阵列，将其装机功率扩大到 600~700 kW
2017	OCCTIC	OpenHydro	通过提高涡轮机系统设计来改进系统性能、效率和可靠性
2016	FLOTEC	Orbinal 海洋能公司	2 MW 漂浮式潮流能发电装置示范，发电成本降到 200 欧元/（MW·h）

支持年度	项目	开发商	研究重点
2016	TAOIDE	ORP	开发湿插拔发电机并降低成本
2016	TIPA	Nova Innovation	优化 PTO，降低 20% 成本
2016	WaveBoost	CorPower	改进下一代 CorPower 装置的 PTO
2016	MUSES	N/A	根据海洋空间规划（MSP）国际质量标准和欧盟指令对现有的规划和审批程序进行审核
2016	OPERA	OceanTEC	收集并分享漂浮式振荡水柱波浪能发电装置海上两年运行数据
2016	PowerKite	Minesto	提高 Minesto 潮流能发电装置——系泊涡轮机的可靠性
2015	WETFEET	OWCSymphony	研究波浪能组件的可靠性、生存性和高成本问题

四、法国海洋能年度进展

2019 年，为了加速海洋可再生能源的开发利用，法国进一步完善了相关法规。位于法国海洋能试验场的 5 台潮流能机组实现了全天候并网，可提供各种经济模式的供电方案。法国开发商正在进行波浪能、温差能、盐差能和多能互补系统的开发。虽然这些装置的技术成熟度较低，但可为未并网的局部地区提供电力供应，或者用于其他用途，而不仅仅是提供电力。法国海洋能产业队伍迅速壮大，已经成为支撑法国海洋可再生能源开发利用发展的中坚力量。

（一）海洋能政策

法国《能源法》对海洋能设定的激励措施包括对发电装置样机和发电场进行支持，但前提条件是，海洋能技术发电成本与其他可再生能源相比具备商业竞争力。

法国制定的一系列法律法规可有效简化可再生能源装置的安装流程。大部分法律程序(初步技术研究、初始环境评估和公众参与)在许可证发放之前完成,从而大幅度降低项目开发商的风险;只要项目的技术细节不偏离初始方案,就可确保项目开发过程的安全,如果项目开发商根据最坏情况进行了影响评估,则可为其颁发"信封许可证",允许一定的技术灵活性;商业化发电场输电电缆的成本将由法国输电系统运营商承担,运营商还承担电力输出方面更多的法律和财务责任。

法国已为两个潮流能发电示范项目提供了部分支持,给予这些项目固定上网电价[173 欧元/(MW·h)]支持,并获得部分资金资助和可偿还贷款等优惠政策,但目前这两个项目由于机组技术问题仍处于搁置状态。根据欧盟关于竞争的规定,对 Raz Blanchard 和 Fromveur 这两个潮流能资源富集区域要进行商用规模的招标,但因目前潮流能发电成本过高,导致招标无法进行。

截至 2019 年年底,用于海洋能(不包括漂浮式海上风电)的资金总预算为 6 800 万欧元,包括 6 个已完成及正在进行的项目。2019 年,法国投入 760 万欧元启动两个示范项目:一个为 Phares 多能互补系统项目,在无电网的韦桑岛建立集潮流能、风能、太阳能和储能蓄电池于一体的多能互补供电系统,并以火力发电厂作为备用供电系统;另一个为 Sarbacanne 项目,利用盐差能发电装置进行海水淡化。

2019 年,国家研究署(ANR)正式指定 7 个"能源转换研究所"中的 1 个专门从事海洋可再生能源开发,并与法国海洋可再生能源研究所合作,在 2019 年和 2020 年为创新研发项目提供了 400 万欧元资金支持。2015—2020 年,政府通过该计划共拨付了 1 600 万欧元资金(企业匹配了等额资金)。

法国两个竞争性的海洋产业集群,PôleMerBretagne-Atlantique 和 PôleMerMéditerranée,在其发展路线图中都涉及海洋可再生能源。一旦海洋能项目实现预期的示范效果,通过海洋产业集群就可以迅速实现市场化。

(二)技术研发项目

FEM 与 ANR 联合支持了一些海洋能研发项目(表 5.3)。

表 5.3 FEM 与 ANR 联合支持的在研海洋能项目

项目	研究重点
DiME	装置尺寸和海洋气象条件:对海洋能装置所处的极端海况进行模拟和观测
THYMOTE	对奥尔德尼水道波浪和底部摩擦产生的湍流和泥沙流输送进行评估
HYD2M 和 PHYSIC	法国海岸线(包括外海)生物污染分布地图集
ABIOP+	对海洋能系泊系统进行运行状态监测以便进行故障预测
MHM-EMR	强流中海底电缆的稳定性和水动力研究
STHYF	海底电缆与环境的相互作用
SPECIES COMEEET	国家专家组,可对海洋能相关的环境和社会经济问题提出建议
VALARRAY	潮流能和漂浮式海上风能阵列的优化软件基准
ANODE	对海洋环境中来自海洋能系统牺牲阳极的金属输入进行定量评估
INDUSCOL	监测复合材料结构(潮流能叶片)的耐久性
DUNES	分析水力沙丘的动力特性及其对海洋可再生能源项目的影响
LISORE	潮流能发电场的坐底式或漂浮式变电站设计

2012 年开始,留尼汪大学与 Naval Energies 公司合作,在留尼汪岛(印度洋)建设了 1 台陆上温差能样机。为了验证系统性能并检验设备质量,对其发电系统进行了测试。欧洲 Oceanera-Net 计划支持的 Innotex 项目于 2019 年启动,目标是开发新型温差能热交换器、蒸发器

和冷凝器。2019 年，Naval Energies 公司还与法国海洋开发研究院（IFREMER）合作在马提尼克（Martinique）岛开展了温差能装置的生物附着测试。目的是在典型环境条件下保持温差能热交换器的长期换热性能，并确定具有最低能耗和最低环境影响的最佳方案。

（三）示范运行项目

由南特中央理工学院（ECN）负责管理的 SEM-REV 试验场，适用于波浪能和海上风电技术测试。2019 年 8 月，GEPS Techno 公司设计的 Wavegem 混合式（波浪、太阳能）自供电平台，在 SEM-REV 试验场安装，开始了为期 18 个月的海试（图 5.8）。Wavegem 可将波浪运动通过海水的闭式循环驱动低速涡轮机进行电能转换，平台由四点系泊系统固定。

图 5.8　Wavegem 与浮式风机共同海试

由法国电力集团（EDF）运营的 Paimpol-Bréhat 试验场，主要用于潮流能装置海试。2019 年，OceanQuest 潮流能装置成功完成安装并实现并网（图 5.9），已连续运行 6 个月。该装置由 2 台垂直轴机组组成，总装机容量 1 MW, 由 Hydroquest 公司设计, 由位于瑟堡(Cherbourg)的 CMN 船厂制造。

图 5.9　OceanQuest 1 MW 潮流能机组下水

荷兰船舶制造公司 SBM Offshore 计划在摩纳哥港口对其 S3 波浪能发电装置(1 MW)开展测试。该装置是由压电材料制成的直径 1 m 的柔性漂浮式软管组成,波浪引起软管内部流体的运动,交替增加和释放软管的四周张力,驱动安装在管内一端的叶片进行发电。

五、韩国海洋能年度进展

韩国海洋水产部(MOF)制订了海洋能系统商业化计划。新的国家可再生能源政策提出,到 2030 年 20% 的电力要来自可再生能源的发展战略。韩国船舶与海洋工程研究所(KRISO)正在开发小型振荡水柱式(OWC)波浪能发电装置,并与防波堤和储能系统相结合,为偏远的离网海岛供电。2019 年,潮流能和水力发电混合发电系统在 Uldolmok 试验场进行了测试。此外,2019 年还启动了两个新的研发项目。韩国海洋科学技术院(KIOST)负责管理这些潮流能开发项目。波浪能试验场和潮流能试验场也正在建设中，K-WETS 于 2020 年 7 月投入使用。

（一）海洋能政策

韩国海洋水产部开发并推广海洋能系统行动计划，提出了潮流能和波浪能开发战略规划：一是扩大海洋能的研发，建立海上试验场；二是建设大型海洋能发电场；三是进入全球市场并扩大国内电力供应；四是建立海洋能认证体系和支持政策。

2012 年，韩国实施了可再生能源配额制（RPS），可再生能源证书（REC）交易制是对 RPS 政策的补充。目前，潮流能发电的 REC 值为 2.0，带筑堤的拦潮坝评估值为 1.0，不带筑堤的拦潮坝评估值为 2.0，波浪能和海洋温差能发电的 REC 值尚未确定。

MOF 为包括示范项目在内的海洋能研发项目提供公共资金。2019 年投入 1 620 万美元用于海洋能系统开发。2020 年，海洋能研发项目的年度预算计划为 1 550 万美元。

（二）技术研发项目

由 KRISO 牵头研发的一种适用于偏远海岛防波堤的波浪能发电装置，于 2019 年完成了波浪能示范电站中能量转换模块样机的制造，同时完成了 30 kW 永磁发电机和环形冲击式涡轮机的制造和测试。

（三）示范运行项目

K-WETS 波浪能试验场位于济州岛西部海域，利用现有的 Yongsoo 振荡水柱式波浪能装置作为第一个测试泊位，同时也作为海上试验场的海上变电站。该项目由 KRISO 负责开发，总预算约为 1 730 万美元。试验场另有 4 个泊位，2 个位于浅水区，水深 15 m，2 个位于深水区，水深 40~60 m，都已连接到海上变电站和电网系统，总装机容量为

5 MW。2019 年，完成了海底电缆的铺设。

KTEC 潮流能试验场位于朝鲜半岛西南水域（Uldolmok 潮流能试验电站所在海域），由 KIOST 负责。试验场包含 5 个测试泊位，水深 25~30 m，并网装机容量为 4.5 MW，将于 2022 年年底建成。同时，还将在位于韩国釜山的 KIOST 建造用于潮流能发电装置组件（如叶片）的陆上性能测试设施。2019 年，完成了试验场海域环境影响和航行安全评估。

由 KRISO 设计研发的海洋温差能示范电站，总装机容量为 1 MW，2019 年 9 月，在东海完成了短期示范运行，2020—2021 年将在基里巴斯的塔拉瓦岛进行陆上设施的转移和建造，并长期示范运行。

六、西班牙海洋能年度进展

2019 年，西班牙海洋能开发利用活动进展顺利。Mutriku 波浪能发电厂完成了全年并网运行，在 PLOCAN 和 Punta Langosteira 试验场［加利西亚（Galician）海岸的一个新试验场］进行了一些离网波浪能发电浮标测试。

（一）海洋能政策

2019 年，西班牙政府继续制定《2021—2030 年国家能源和气候综合计划》及《能源转型和气候变化法》。《2021—2030 年国家能源和气候综合计划》（草案）为海洋能开发利用设定的目标是，到 2025 年，装机容量达到 25 MW，到 2030 年，装机容量达到 50 MW。

能源政策由新的生态转型部负责，开发海洋能发电场（环境、海洋空间利用、发电）所需的主要许可必须得到该部的批准。

（二）技术研发项目

由 H2020 计划资助的 OPERA 项目继续取得良好进展。该项目由西班牙 TECNALIA 研究院牵头。2019 年，在 BiMEP 完成了第二次开放海域的测试。

（三）示范运行项目

BiMEP 海上试验场位于比斯开省 Armintza，2015 年 6 月开始运营，测试了西班牙第一个并网运行的漂浮式波浪能发电装置 MARMOK-A-5。MARMOK-A-5 于 2016 年首次安装，经历了两个冬天的测试后，2018 年 10 月重新布放到 BiMEP，2019 年 6 月，完成测试后退役(图 5.10)。

图 5.10　MARMOK-A-5 退役

Mutriku 波浪能电站是世界上第一个多透平波浪能电站，建在巴斯克地区的一个防波堤内，2019 年被纳入 BiMEP。电站自 2011 年 7 月并网至今，累计并网发电量达到 200×10^4 kW·h。其中两个气室还可用于测试振荡水柱式组件(空气透平、发电机、功率转换装置和控制系统)。2019 年，爱尔兰 WAVERAM 公司在此完成了一项测试。

七、爱尔兰海洋能年度进展

爱尔兰 2019 年发布了《气候行动计划》，设置了 150 多项应对气候变化的具体行动，其中的 3 项与海洋可再生能源发展有关。爱尔兰和美国共同出资的 OE Buoy 在美国俄勒冈州的 Vigor 船厂完成了其 500 kW 装置建造，于 2019 年 11 月运至夏威夷进行测试，测试工作于 2020 年开始。

（一）海洋能政策

2019 年，通信、气候行动与环境部发布了《气候行动计划》，提出到 2030 年海上可再生能源装机容量达到 3 500 MW，并将"支持新兴海洋技术（波浪能、潮流能、漂浮式风电）和相关测试基础设施的海洋能研究、开发和示范，支持创新企业中心和海洋可再生能源供应链"。

爱尔兰可持续能源署（SEAI）样机开发基金，旨在加强对波浪能和潮流能装置研发、测试和布放的支持。自 2009 年启动以来，已为 113 个项目提供了超过 1 800 万欧元的资金支持。

（二）技术研发项目

爱尔兰海洋可再生能源中心（MaREI）由爱尔兰科学基金会支持，致力于推动能源和海洋技术的研究、创新和商业化。里尔国家海洋测试设施中心（NOTF）位于科克大学，是世界一流的可再生能源和海洋研究中心，具有可升级和扩展的水池，可用于测试小比例海洋可再生能源发电装置。2019 年，依托这些基础设施以及欧盟支持，爱尔兰开展了十几个海洋能项目研究。

（三）示范运行项目

爱尔兰戈尔韦湾试验场于 2018 年获得新的 35 年租约，并于 2018 年 7 月重新投入使用。2019 年 2 月，Dundalk IT 可再生能源中心（CREDIT）在此布放了其波浪能供电传感器（WASP）浮标。Ocean Energy 于 2020 年在美国 WETS 布放其 1/2 比例装置进行测试。该装置此前已在开放海域累计运行时间超过 24 000 h。

八、意大利海洋能年度进展

（一）海洋能政策

2016 年，意大利政府批准了一项新的政策：如果新建的波浪能或潮流能电站的装机容量在 5 MW 以内，即可申请获得 0.3 欧元/（kW·h）固定上网电价的支持；如果新建电站装机容量小于 60 kW，可直接获得该激励政策的支持。

（二）技术研发项目

Kuma Energy 公司的 ECOMar 系统是一种固定式安装的波浪能转换装置（图 5.11），可以集成到任何垂直结构中并安装在任何海床上。该装置通过浮子捕获波浪运动向液压回路供电，从而驱动发电机运行。该装置采用模块化设计，可以应用于海上防护工程（安装在码头防波堤上）。2019 年 12 月，Apulia 地区经济发展部与 Kuma Energy 公司签署合同，将在 Taranto 港建造示范电站。

图 5.11　ECOMar 100 波浪能转换装置样机

(三)示范运行项目

Luigi Vanvitelli 大学开发的 OBREC 波浪能发电装置，是一种基于越浪式工作原理的发电装置，可嵌入防波堤中。自 2015 年起，安装在 Naples 港防波堤中(图 5.12)。

图 5.12　OBREC 波浪能发电装置

都灵理工学院开发的惯性波浪能转换装置(ISWEC)是一种点吸收波浪能转换装置，其原理是基于已经在海洋应用中用于减摇的陀螺仪技术，由入射波引起的陀螺仪扭矩驱动发电。2019 年 3 月，一个 50 kW ISWEC 示范装置投入运行(图 5.13)，同时集成了光伏和储能系统。

图 5.13　ISWEC 在拉韦纳(Ravenna)海域示范

那不勒斯大学开发的 KOBOLD 潮流能机组，自 2000 年开始一直在海上运行(图 5.14)，功率为 30 kW，已连接到电网。

图 5.14　KOBOLD 海上运行

九、德国海洋能年度进展

(一)海洋能政策

2019年,德国可再生能源发电能力再创历史新高,首次实现占电力消费比重的约43%。海上风电新增装机容量1 100 MW,首次超过陆上风电新增装机容量。德国2030年海上风电开发目标从1 500×10⁴ kW提高到2 000×10⁴ kW。

(二)技术研发项目

潮流能开发商 SCHOTTEL HYDRO 公司及其合作伙伴 Sustainable Marine Energy 继续在加拿大芬迪湾开展 PLAT-I 4.63 样机的海试(图5.15)。该漂浮式三体船平台的装机功率为280 kW,搭载了4台 SCHOTTEL 机组,转子直径为6.3 m,样机于2020年春季并网,并于2020年中期布放下一代机组。新的 PLAT-I 6.40 将配备6台机组,转子直径为4 m,平台总装机功率420 kW,最终将在芬迪湾布放9 MW潮流能发电场。

图5.15　PLAT-I 4.63平台海试

波浪能开发商 NEMOS GmbH 公司在比利时奥斯坦德成功测试了波浪能样机，并于 2019 年 10 月布放（图 5.16）。该装置由一个 8 m × 2 m 的浮子连接到水下 16 m 长的锚定结构上，为漂浮式发电装置。

图 5.16　NEMOS 波浪能样机海试

波浪能开发商 SINN Power GmbH 公司继续开展"不规则波发电阵列并网发电模块化"项目。对安装在希腊伊拉克利翁（Heraklion）港口防波堤上的两个波浪能模块进行了技术升级，每台装机容量 18 kW。2019 年 9 月，布放了另外两台第四代装置，每台装机容量 36 kW（图 5.17）。

图 5.17　安装在伊拉克利翁港的第三代及第四代样机

十、丹麦海洋能年度进展

丹麦波浪能发电协会有 9 家波浪能开发商，其中 2 家的波浪能装置于 2019 年完成了样机海试。DanWEC 试验场于 2012 年建成，已全面掌握所在海域的波浪能资源状况和相关设计条件，目前基础设施投入已达 500 万欧元。

（一）海洋能政策

丹麦波浪能发电协会在 2012—2015 年提出了波浪能发展战略及路线图。2019 年在政府新能源计划支持下继续实施该战略。参考风能技术在国际上获得成功的发展策略（财政激励政策＋发电保障收购＋长期发展规划），丹麦波浪能的发展也采取了类似策略。

目前，丹麦没有为波浪能设立专门的市场激励政策，例如专门的上网电价政策。丹麦波浪能发电协会提议针对不同发电类型设立不同的上网电价，并降低开发项目中私有资本的匹配要求。

丹麦主要通过能源技术开发和示范计划（EUDP）为波浪能发展提供资金支持。2019 年，EUDP 为两个波浪能项目提供了资金，分别是 Resen Waves 公司的小型智能发电浮标项目和 Floating Power Plant 公司的数字液压动力输出系统项目。

（二）技术研发项目

2019 年，EUDP 支持开展的"越浪式波浪能"项目启动。由能源工业委员会（EIC）负责协调，参与单位包括 Wave Dragon 公司、奥尔堡大学和 HICON 公司等。Wave Dragon 公司生产的装置是一种在混凝土中建造的越浪式发电装置，装机功率为 1.5~4 MW。

目前 FPP 公司与 DP 能源公司合作，在英格兰、苏格兰和爱尔兰进行项目开发。目前正在进行的是在西班牙 PLOCAN 测试平台开发全比例波浪能装置示范，该项目已完成设计(图 5.18)，并完成了水池和陆地试验。

图 5.18　FPP 波浪能(2~3.6 MW)与风能(6~10 MW)综合利用平台

2019 年，Wavepiston 公司的波浪能发电装置在 DanWEC 试验场完成了为期两年的海试(图 5.19)。接下来该装置将到西班牙 PLOCAN 测试平台开展海试，PLOCAN 测试平台上配有 PTO 模块，测试时 Wavepiston 公司的发电装置将泵送加压海水至平台上进行发电。

Crestwings 公司开发的波浪能发电装置样机 Tordenskjold 已在卡特加特海峡开展了近半年的海试(图 5.20)。2019 年 5 月，进行了装置回收维护，优化改进后于 2020 年 2 月布放到卡特加特海峡海域做进一步测试。

图 5.19　Wavepiston 公司的波浪能发电装置在 DanWEC 进行海试

图 5.20　Tordenskjold 在卡特加特海峡进行海试

十一、澳大利亚海洋能年度进展

澳大利亚拥有相当丰富的波浪能和潮流能资源，新兴海洋能产业有助于推动澳大利亚蓝色经济的发展，同时积极推进减少碳排放措施的实施。2019 年 4 月，政府向蓝色经济合作研究中心提供为期 10 年、总额达 3.3 亿澳元的资金，以支持澳大利亚蓝色经济的可持续增长，

"海洋可再生能源系统"是其 5 个支持方向之一。MAKO 潮流能发电装置完成了 6 个月的测试。Wave Swell Energy 公司开始建造 250 kW 波浪能发电装置。Carnegie Clean Energy 公司重启 CETO 6 波浪能发电装置建造工作。澳大利亚海洋能源行业组织（AOEG）于 2019 年召开了"澳大利亚海洋能市场发展峰会"，搭建了行业与市场间的沟通桥梁，有效促进了澳大利亚的海洋能开发与利用活动。

（一）海洋能政策

澳大利亚维多利亚州正在制定一项新的海洋和沿海政策，2019 年 7 月，发布了公共咨询草案，将海洋可再生能源产业确认为新兴的海洋产业部门。

澳大利亚可再生能源署（ARENA）是澳大利亚海洋能项目公共财政资金的主要支持机构，迄今已支持了 14 个海洋能项目，其中 2 个项目仍在进行中。

（二）技术研发项目

新的蓝色经济合作研究中心（CRC）于 2019 年 4 月宣布成立，确立了产业界、政府和研究部门的合作伙伴关系，承诺投入资金 3.3 亿美元，用 10 年时间支持澳大利亚蓝色经济的可持续发展。CRC 共有 5 个主要应用研究方向，其中之一是海洋可再生能源的研发，总预算达 6 600 万美元。

由塔斯马尼亚大学（UTAS）和联邦科学与工业研究组织（CSIRO）牵头开展的澳大利亚潮流能源的资源评估工作，于 2020 年 6 月完成。

（三）示范运行项目

Wave Swell Energy 公司继续在塔斯马尼亚州开发其 200 kW 金岛波

浪能示范项目，发电装置正在加工制造，预计于 2020 年上半年布放。

十二、加拿大海洋能年度进展

加拿大芬迪湾的世界级潮流能资源引起了世界各地开发商的关注。DP Energy、Sustainable Marine Energy、Minas Tidal、Big Moon Power、Jupiter Hydro 和 Nova Innovation 等公司获得了新斯科舍省的开发许可，将在未来 1~2 年内开始潮流能发电装置的布放。加拿大政府根据新兴可再生能源计划（ERPP），向 DP Energy 公司拨款 2 970 万美元，用于在 FORCE 开发 9 MW 的 Uisce Tapa 项目。

（一）海洋能政策

2019 年 6 月，参议院通过了 C-69 法案，包括影响能源行业和海洋可再生能源监管的新法规，即《加拿大能源监管法》（CERA）、《影响评估法》（IAA）和《加拿大通航水域法》。新设立的加拿大能源监管局（CER）的职责是负责新能源开发（包括对海洋可再生能源的监管）。

新斯科舍省政府修订了《海洋可再生能源法》，给予目前在 FORCE 试验场示范的潮流能开发商上网电价/购电协议的政策支持，为开发商提供了吸引投资的机会，获得许可证的项目可获得长达 15 年的购电协议（PPA）政策支持。目前，新斯科舍省已经批准两个项目上网电价为 53 加分/（kW·h），允许其与新斯科舍电力公司签订为期 15 年的购电协议。这两个项目分别是：DP Energy 公司的 Uisce Tapa 项目；Spicer Energy 公司的 Pempa'q 项目。

（二）示范运行项目

Big Moon Power 公司在芬迪湾成功完成样机的夏季海试，标志着全部测试工作的完成，测试数据将用于商业化装置的最终设计改进，于 2020 年布放到 FORCE 试验场。

DP Energy 公司于 2018 年获得加拿大政府新兴可再生能源计划（ERPP）提供的 2 975 万美元资助，新斯科舍省电力公司为其在 FORCE 的 Uisce Tapa 项目提供了为期 15 年、530 加元/（MW·h）的上网电价支持。项目将使用安德里茨哈默法斯特水电公司（AHH）的 Mk1 机组，在 FORCE 试验场的两个泊位上安装由 6 台机组构成的 9 MW 发电阵列。2019 年，DP Energy 公司完成了机组制造，确定了机组和电缆布放方案，将于 2021 年完成海底电缆铺设，2022 年完成全部机组的布放。

Jupiter Hydro 公司于 2019 年 8 月获得新斯科舍省颁发的芬迪湾潮流能项目许可，将于 2020 年秋季开展装置布放。

缩 略 语

ADEME	French Environment and Energy Management Agency 法国环境与能源管理署
AHH	Andritz Hammerfest Hydro 安德里茨哈默法斯特水电公司
AMETS	Atlantic Marine Energy Test Site 大西洋海洋能试验场
ANR	National Research Agency 国家研究署
AOEG	Australia Ocean Energy Group 澳大利亚海洋能源行业组织
ARENA	Australian Renewable Energy Agency 澳大利亚可再生能源署
BEIS	Department for Business, Energy and Industrial Strategy 英国商业、能源和工业战略部
BiMEP	Biscay Marine Energy Platform 比斯开海洋能试验场
BTTS	(Marine Renewable Energy Collaborative) Bourne Tidal Test Site 海洋可再生能源联盟(MRECo)伯恩潮流能测试场
CCC	Committee on Climate Change （英国）气候变化委员会
CEFOW	Clean Energy From Ocean Waves 海洋波浪能清洁能源项目
CEMIE-Océano	Mexican Energy Innovation Centres 墨西哥海洋能源创新中心
CER	Canada Energy Regulator 加拿大能源监管局
CERA	Canadian Energy Regulator Act 加拿大能源监管法
CfD	Contract for Difference 差额合约制
CHTTC	Canadian Hydrokinetic Turbine Test Centre 加拿大水轮机测试

中心

CORE Center for Ocean Renewable Energy （新罕布什尔大学）海洋可再生能源中心

CRC Blue Economy Cooperative Research Centre 蓝色经济合作研究中心

CREB Clean Renewable Energy Bond 清洁可再生能源债券

CREDIT Centre for Renewable Energy at Dundalk IT Dundalk IT 可再生能源中心

CSIRO Commonwealth Scientific and Industrial Research Organisation 联邦科学与工业研究组织

DanWEC Danish Wave Energy Center 丹麦波浪能中心

DG MAF Directorate General for Maritime Affairs and Fisheries 欧盟海洋与渔业总司

DMEC Dutch Marine Energy Centre 荷兰海洋能中心

DOE U. S. Department of Energy 美国能源部

ECN Ecole Centrale de Nantes 南特中央理工学院

EDB Economic Development Board 经济发展局

EDF Electricite De France 法国电力集团

EDP InnovFin Energy Demo Projects InnovFin 能源示范项目

EIB European Investment Bank 欧洲投资银行

EIC Energy Industry Council 能源工业委员会

EINA Energy Innovation Needs Assessment 能源创新需求评估

EMEC European Marine Energy Centre 欧洲海洋能源中心

EnFAIT Enabling Future Arrays in Tidal 未来潮流能阵列

EPSRC Engineering and Physical Sciences Research Council 英国工程

与自然科学研究理事会

ERDF	European Regional Development Fund	欧洲区域发展基金
ERI@ N	Energy Research Institute @ NTU	南洋理工大学能源研究所
ERPP	Emerging Renewable Power Program	新兴可再生能源计划
ETI	Energy Technologies Institute	能源技术研究所
EUDP	Energy Technology Development and Demonstration Program 能源技术开发和示范计划	
EVE	Basque Energy Agency	巴斯克能源管理局
FORCE	Fundy Ocean Research Center for Energy	芬迪湾海洋能源研究中心
FORESEA	Funding Ocean Renewable Energy through Strategic European Action 战略性欧洲行动计划海洋可再生能源基金	
FP7	Seventh Framework Programme	欧盟第七框架计划
FPP	Floating Power Plant	浮式波浪能电站
HINMREC	Hawaii National Marine Renewable Energy Center 夏威夷国家海洋可再生能源中心	
IAA	Impact Assessment Act	影响评估法
ICfD	Innovative Contracts for Difference	创新差额合约
IPPA	Innovative Power Purchase Agreements	创新电力购买协议
IEA	International Energy Agency	国际能源署
IEC	International Electrotechnical Commission	国际电工委员会
IF	Innovation Fund	创新基金
IFREMER	French Research Institute for the Exploration of the Sea 法国海洋开发研究院	
ISWEC	Inertial Sea Wave Energy Converter	惯性海洋波浪能转换装置

ITEG	Integrating Tidal Energy into the European Grid	潮流能发电并网
IOOS	Integrated Ocean Observing System	综合海洋观测系统
JPWETF	Jennette's Pier Wave Energy Test Facility	珍妮特码头波浪能试验场
JRC	Joint Research Center	联合研究中心
KIOST	Korean Institute of Ocean Science and Technology	韩国海洋科学技术院
KRISO	Korea Research Institute of Ships and Ocean Engineering	韩国船舶与海洋工程研究所
KTEC	Korea Tidal Energy Center	韩国潮流能中心
K-WETS	Korea Wave Energy Test Site	韩国波浪能测试场
MaREI	Marine and Renewable Energy Ireland	爱尔兰海洋可再生能源中心
MEC	Marine Energy Council	英国海洋能理事会
MECC	Marine Energy Collegiate Competition	海洋能源学院竞赛
META	Marine Energy Test Area	海洋能试验场
MHK	Marine and Hydrokinetic	海洋及水动力
MPS	Marine Power Systems	海洋动力系统公司
MTDZ	Morlais Tidal Demonstration Zone	潮流能试验场
MOF	Ministry of Oceans and Fisheries	海洋水产部
MSP	Marine Spatial Planning	海洋空间规划
NAVFAC	Naval Facilities Engineering Command	美国海军设施工程司令部
NOAA	National Oceanic and Atmospheric Administration	美国国家海

洋和大气管理局

NOTF	Lir National Ocean Test Facility　里尔国家海洋测试设施中心	
NREL	National Renewable Energy Laboratory　国家可再生能源实验室	
NSF	National Science Foundation　美国国家科学基金会	
OEE	Ocean Energy Europe　欧洲海洋能联盟	
OEL	（UMaine Alfond W2）Ocean Engineering Lab.　（缅因大学)海洋工程实验室	
OES-IA	Ocean Energy System-Implementation Agreement　海洋能源系统实施协议	
OES-TCP	Ocean Energy System-Technology Collaboration Programme　海洋能系统技术合作计划	
ONR	Office of Naval Research　美国海军研究办公室	
OPERA	Open Sea Operating Experience to Reduce Wave Energy Cost　增加海上作业经验以降低波浪能发电成本项目	
OPIN	Ocean Power Innovation Network　海洋能源创新网络	
OPT	Ocean Power Technologies　海洋电力技术公司	
ORE	Offshore Renewable Energy　海上可再生能源中心	
ORISE	Oak Ridge Institute for Science and Education　橡树岭科学与教育学院	
OTEC	Ocean Thermal Energy Conversion　海洋温差能	
OTECTS	Ocean Thermal Energy Conversion Test Site　海洋温差能试验场	
PLOCAN	Oceanic Platform of the Canary Islands　加那利群岛海洋测试场	
PMEC	Pacific Marine Energy Center　太平洋海洋能中心	
PMEC LW	Pacific Marine Energy Center Lake Washington　太平洋海洋能中心华盛顿湖试验场	

PMEC NETS	Pacific Marine Energy Center North Energy Test Site 太平洋海洋能中心北部能源试验场	
PMEC SETS	Pacific Marine Energy Center South Energy Test Site 太平洋海洋能中心南部能源试验场	
PMEC TRHTS	Pacific Marine Energy Center Tanana River Hydrokinetic Test Site 太平洋海洋能中心塔纳纳河水动力试验场	
PNNL	Pacific Northwest National Laboratory 西北太平洋国家实验室	
POET	Pacific Ocean Energy Trust 太平洋海洋能信托基金	
PPA	Power Purchase Agreement 电力购买协议	
PTO	Power Take-Off 动力输出装置	
QECB	Qualified Energy Conservation Bonds 合格节能债券	
REC	Renewable Energy Certificate 可再生能源证书交易制	
RED	Reverse Electro Dialysis 反电渗析	
RO	Renewables Obligation 可再生能源义务	
ROC	Renewable Obligation Certificate 可再生能源义务证	
RPS	Renewable Portfolio Standard 可再生能源配额制	
SBIR	Small Business Innovation Research 小企业创新研究	
SEAI	Sustainable Energy Authority of Ireland 爱尔兰可持续能源署	
SEENEOH	Site Experimental Estuarial National pour Essai et Optimisation Hydroliennes 国家水利测试和优化试验场	
SEM-REV	Site d'Essais en mer 海上试验场	
SNL	Sandia National Laboratories 桑迪亚国家实验室	
SNMREC	Southeast National Marine Renewable Energy Center 东南国家海洋可再生能源中心	
STTR	Small Business Technology Transfer 小型企业技术转移	

STTS	Sentosa Tidal Test Site	圣淘沙岛潮流能试验场
SUPERGEN	Sustainable Power Generation and Supply	电力能源可持续生产和供给计划
TCF	Technology Commercialization Fund	技术商业化基金
TIGER	Tidal Stream Industry Energiser	潮流能产业加速器
TIPA	Tidal Turbine Power Take-Off Accelerator	潮流能涡轮机动力输出加速
TEAMER	Testing Expertise and Access for Marine Energy Research	海洋能研究基础设施及知识网
TTC	Tidal Test Centre	潮流能试验场
UKAS	United Kingdom Accreditation Service	英国皇家认可委员会
USACE FRF	U. S. Army Corps of Engineers Field Research Facility	美国陆军工程师团河流能试验场
UTAS	University of Tasmania	塔斯马尼亚大学
WASP	Wave power activated sensor	波浪能供电传感器
WEFO	Welsh European Funding Office	威尔士欧洲基金办公室
WERC	Wave Energy Research Center	（加拿大北大西洋大学）波浪能研究中心
WES	Wave Energy Scotland	苏格兰波浪能计划
WETS	Wave Energy Test Site	美国海军波浪能试验场
WPTO	Water Power Technologies Office	水能技术办公室